股市憲哥教你說對話

有人緣又賺大錢

賴憲政◎著

目錄

第二篇 讓觀眾不分心的說話魅力

目錄

目錄

不只教你說對話，更傳遞正向人生觀

忙碌的憲哥又出新書了！近身觀察這位有三十四年台股投資經驗的分析師，我敢說，他的努力和臨場反應絕對一流，很少有人能夠超越。更讓人稱奇的是，他的口才，尤其是對台灣諺語的掌握能力，幾乎已達爐火純青的地步。不但用字遣詞拿捏得宜，還能適時講個小故事或典故，炒熱現場氣氛，拉近彼此的距離。

我曾經聽他演講，一場六十分鐘的演說，竟然講了超過十二個笑話，而且針對不同觀眾，還能臨場變換「菜色」，把現場觀眾逗得大樂。問他怎麼會這麼厲害？好口才到底是怎麼練的？如何能記這麼多的笑話、以及成堆的財經數據？這位年過半百的老大哥得意地告訴我：「只有兩個字，就是『用功』！」

讓我們看看他有多用功。這位只有高中學歷的獨立分析師，一個禮拜要跑十五至二十個電視通告，週末假日幾乎都在演講，一年合計講了超過一百場，平均每三到四天就有一場。

為了應付如此頻繁的演說機會，他幾乎隨時都在吸收資訊、讀資料，而且不是只有「讀」，還用筆把文章重點、關鍵數據，一個字、一個字地寫下來。換句話說，每看一篇文章，他就會抄錄出一份經過自己整理的濃縮精華版，靠著不斷地寫，把數據和故事「灌」進腦袋裡。

就這樣不停地找資料、讀資料、綜合整理之後，再把資料中的訊息講出來。憲哥告訴我，他幾乎每天都要工作到凌晨一點半，有時甚至兩、三點才能睡覺，早上六點就要起床，準備晨間解盤要用的資料，因此，每天睡眠時間不到五個小時。如此工作雖然累，他卻從不喊苦，每天都是一張笑臉面對所有工作夥伴，用這樣的態度工作、生活，難怪可以廣結善緣，從通告分析師變成電視節目主持人。

這本書表面上是憲哥在教大家如何「說對話」，但深一層看，卻是在傳遞他努力不懈、力爭上游的價值觀和態度，希望你能感受到。

《Smart智富》月刊總編輯

花食露水，魚食流水，人食喙水

作為一位專業投資人，老實說，投資股票有賺有賠，但是從開始踏入社會工作到現在，我深深體會，正確掌握說話的技巧，可以讓你「賺錢」或「賺大錢」，絕不會讓你賠錢。

一九七八年（民國六十七年）中美斷交，股市崩盤，我慘遭斷頭，賠光相當於十年的薪資，甚至還負債二十幾萬，後來靠著「說對話結好緣」，加上努力工作，短短一年時間就把欠債還清，五年時間就把賠掉的都賺回來。現在，翻開我的行事曆，平日早上需要跟股市節目電話連線解盤，下午開始要參加電視錄影通告，最高紀錄一天錄五個節目七個小時。假日也經常有演講活動，從民國七十六年到現在，我的公開演講已經累積到上千場，最近幾年，每年都有一百多場；一年三百六十五天，幾乎是全年無休。

不管是上節目或是演講，共同點都是需要「好好表演」，掌握今天的主題，安排好發言的次序與邏輯，才能提供觀眾最需要的資訊。因為經常參加投資類的節目與活動，我的談話內容多半是股市投資或財經議題，充滿了生硬的專業名詞，還有令人昏昏欲睡的數字。不過我可以很得意地說一句，聽過我演講的朋友，都會認為，「原來聽投資理財的演講也可以這麼有趣！」

站在對方立場思考，講到對方心坎裡

不要看我一上台就能講一、兩個小時，在公開場合總是辯才無礙，能有今天，可以說是磨練了好幾年的成果。

我在嘉義鄉下長大，記得國小四年級的時候，學校有演講比賽，我的成績是班上第一名，自然被派去代表全班參加比賽。老師先寫了講稿讓我背，雖然背熟了，但是一站上台我就會害羞；老師看我狀況不行，最後改由班上另一位同學上去，我還記得那位同學是鄉長的兒子，這件事情實在讓我糗斃了，至今仍耿耿於懷。

高中我開始半工半讀，很快就發現，想要「在江湖上走跳」，擁有好口才是不可或缺的能力。我常去逛夜市，觀察到夜市老闆招攬生意的手段，他們先利用客人貪小便宜的心態吸引人潮，再把產品講得天花亂墜，不管多平凡無奇的東西，最後總是能吸引客人掏錢出來，讓我心裡暗暗叫絕。

退伍後我到東元電機擔任業務員，六年的時間，接觸到形形色色的客戶。當時東元在家電業還是小品牌，我必須想辦法說服電器行當我們的經銷商，並且持續拿到訂單，這都需要費心思跟他們維持良好的關係。後來進入證券業，不管是開拓新業務，或是留住大客戶，也都必須把他們哄得服服貼貼，甚至從二〇〇七年開始，我走到螢光幕前，也受到廣大觀眾的支持和肯定。三十多年來，我有幸靠著一張嘴，彌補了我投資決策不當所犯下的失誤，如果真要算起來，我靠說話賺到錢、賺到好人緣，為人生增彩添色，這些，遠比得自股市賺得更多、更豐富。

回顧我的工作經驗，不管是做生意、交朋友、調解糾紛、商場談判、跟別人分享看法、演講或上節目，不外乎都是與人溝通。想要達成目的，不只是要講得好，更要講得對，講到對方心坎裡。

其中的訣竅很簡單，就是「站在對方立場思考」，用他理解的語言、喜歡的方式，去修飾你要講的內容，通常就離成功不遠了。

當業務員的時候，對於個性乾脆的客戶，我絕不拖拖拉拉，阿莎力一口價；個性謹慎的客戶，我會採取迂迴的路線，先跟對方交上朋友，得到他的信任，話題再慢慢往生意推進；性格自負的老闆，我必定先來一串讚美，軟化他的驕氣，後面一切事情都好談；對於怕老婆的老闆，則是直接討好老闆娘，因為老闆娘才是真正做決策的關鍵人物。

說話不必漂亮，講到重點才是關鍵

到了現在，我最常接觸的就是散戶投資人，他們想聽的，不是沉悶的技術分析教學，也不是漫無邊際的經濟趨勢分析；他們想明明白白知道，今天的股市表現怎麼樣？接下來可能會發生什麼利多或利空，會造成什麼影響？什麼時候適合進場？又該怎麼處理手中的股票？

所以我總是盡量「講重點」，讓發言簡短扼要；同時，在描述經濟環境，或是講到比較艱深的理論時，我會用故事包裝，或是用親切的台灣俗語來比喻。這樣的說話風格，也讓我第一次上電視節目之後，就成了該節目的固定來賓。演講時，我也會看到上了年紀的觀眾們，因為我講的內容而眼睛一亮；看到他們眼神的那一刻，我知道，他們一定能帶著收獲回家。

有時候錄完節目之後，常會聽到有些學者專家說：「剛剛該講的都沒有講到。」其實上節目不是在上課，沒有五十分鐘可以暢所欲言，每一段節目頂多只有三分鐘到五分鐘的談話時間，如果沒辦法把想講的重點非常有條理地講出來，講得再多，要嘛是被主持人打斷，要嘛就是被製作單位剪掉。他們犯的錯誤就是沒有站在製作單位和觀眾的角度思考，以至於講一大堆卻沒有講到重點，實在非常可惜。

說話不在乎說得漂不漂亮，不需要用多高深艱澀的詞句；說話就只是一種溝通，重點是要達到目的，而且要有感情與誠意，達到雙贏、三贏才算成功。

人際相處學問高，掌握技巧處處吃香

驪歌初唱，新鮮人離開學校的保護，踏入「社會大學」將是另一個考驗的開始。古云：「讀萬卷書不如行萬里路，行萬里路不如閱人無數，閱人無數不如名師指路。」經師易得，人師難求。新鮮人從單純的學校，踏入複雜的社會，因為缺乏歷練，又不諳人情世故，最難以適應、也拙於處理的，就是人際關係。

「學識不如知識，知識不如做事，做事不如做人。」當今在各行各業出類拔萃的頂尖人士，儘管每人優點不一而足，但是他們都有一個共同的特質：就是做人成功。很多職場上的朋友，常常覺得懷才不遇、有志難伸，業績不好看，老是得罪人，應該自我檢視，是否平時講話用錯了方式？只要學會了我的招數，保證你在職場上或商場上，處處都能吃得開，人生從此不黑白。

賴憲政

1

好人緣 口才練成法

1-1 初見面講這些，保證被討厭

我退伍後的第一份工作是在東元電機擔任業務員，任務是推銷電視、冷氣、冰箱、洗衣機等家電產品，需要經常拜訪與開拓新客戶；拜訪之前，我習慣盡可能先跟同業打聽老闆的背景。

有次在嘉義拜訪一家電器行老闆，我事前知道他是一位更生人（編按：指受刑人服刑期滿後重返社會）；見面聊了一會兒，發現他還真有一股濃濃的江湖味。進入價錢談判的階段時，我認定他絕對不喜歡拖泥帶水，於是很阿莎力給了兩口價；果然，他只殺了一次價，就接近我的底價，這筆生意很乾脆地就成交了，而且賓主盡歡成為好朋友，以後就一口價從不囉嗦。

除了拜訪客戶外，還有同業之間的交流應酬、或應親友之邀參加聚會，免不了會碰上「初次見面」的陌生人。跟初次會面的對象交談之前，要在短時間之內博得對方的好感，就算不能投其所好，也別踩到人家的地雷，每個人都有他的過去，心底有最脆弱的一環，一旦說錯話，不小心一句話刺傷他，往後的關係就難以彌補了。第一印象是很難改變的，想要扭轉彼此的關係，大概要花千百倍的力量，甚至是這輩子都很難挽回。

如果是參加一般聚會，先別急於表現，可以先靜下來聽聽大家的談話，了解在場成員的背景，避免說錯話得罪人。二〇一〇年時，新聞頭版鬧出「恐龍法官」輕判罪犯的風波，不免成為聚會上被熱烈討論的話題；有次我就在某個場合中，聽到一個人劈哩啪啦大罵，罵得好像沒有一個司法官員是好人；殊不知，現場就坐著一位檢察官。

在另一場聚會上，則是有人高談闊論「超過四十五歲沒結婚一定有問題，不是生理有問題，就是心理有問題。」我實在為他捏了把冷汗，在場如果有符合這項條件的人，想必都被他得罪光了。

台灣俗語說，「一句話三角六尖，尖尖傷人」，因為口不擇言或是過度的熱心，反而傷害第一印象。初次見面，如果沒辦法打探對方的「底細」，那就盡量別主動講到以下這些話，一不小心，很可能從此被討厭，成了對方無期限的拒絕往來戶。

「你薪水多少？」

劈頭就問人家，一個月賺多少錢？年終獎金領多少？今年有沒有加薪？表面上看起來是關心，但是，如果對方剛剛被資遣；或薪水比同輩低了很多；因為考績不佳而領到很低的年終獎金；連續八年都沒有調過薪……對於以上這些問題，肯定是又尷尬又自卑；表面上大概會敷衍敷衍你，心裡的OS卻是「白目」、「關你什麼事」，然後默默將你歸類到拒絕來往的黑名單。

台灣人大部分都不太喜歡被碰觸隱私，收入問題就是其中一項大忌，有些人甚至連親密的家人好友都不願意透露，憑什麼要告訴你這個剛認識的人呢？

「怎麼還不結婚？」

面對單身男女，問人家幹嘛不結婚，十個人聽了，大概有八個會想翻白眼。還沒結婚，可能是經濟上的壓力逼得不敢結婚；或許是不信賴婚姻，所以抱定獨身主義；也可能剛離婚，還不想進入下一段婚姻關係；更或許只是單純地還沒遇到適合的對象。

說到底，感情是很多人不願意公開談論的話題，才剛認識就頻頻發問，免不了讓對方認為你太毛躁，暗自開罵「奇怪耶你，我跟你有很熟嗎？」甚至如果對方有多次失戀的經驗，或很久沒有交往對象，聽到這個問題，心底搞不好認為，「你現在是在提醒我沒人要嗎？」

單身已經是一個敏感的話題，社會的傳統觀念是適婚年齡到了就要結婚生子；但時代不一樣了，許多人會認為婚姻只是生活狀態的其中一種選項，但同時又擺脫不了傳統社會觀感的壓力。平常被長輩逼婚已經受夠了，現在還被剛認識的人當作問候語，心裡一定不舒服，對你的印象自然也大打折扣。

「你們這些做股票的、拉保險的……」

我遇過少數人，對於某些職業抱有偏見。像是在交換名片時，有人開口就撂下一句，「你們做股票的……」，其他的還有，「你們賣房子的……」、「你們拉保險的……」，往往帶有一種輕蔑的意味，彷彿靠股票投資就是賭徒，拉保險的就會「勾勾纏」。

更嚴重一點，還會在言談中講到「保險都是騙人的。」也許他個人曾經遇過不好的業務員，吃了虧，於是一竿子打翻一船人。如果在場剛好有保險業務員，或是親戚朋友也從事保險業，聽到這番話一定很不是滋味。每一種職業都有正當性，如果只是憑自己遇到的負面經驗，就說出以偏概全的言論，不僅容易在不知不覺中得罪人，旁觀者看在眼裡，也會認為你個性偏激、講話尖酸刻薄。

與其裝熟，不如有禮貌一點

有任何偏頗的想法，在家裡關起門來講就好，公開場合最好能避免，要是打壞氣氛，被貼上「成事不足，敗事有餘」的標籤，以後有類似的聚會也不敢邀請你。

我們每個人都有不一樣的人脈網絡，但經營範圍畢竟有限，跨領域的人脈，一定要透過朋友的介紹和牽線；我就經常透過別人，在陌生場合交到新朋友，經營出另一塊人脈網絡。如果在這種交朋友的場合，扮演老鼠屎的角色，不僅壞了一鍋粥，也可能自己未來飛黃騰達的出路都給毀了。

台灣俗語有句話，「洗面礙到鼻」，字面上的意思是洗臉時會不小心碰傷鼻子，其實就是要提醒我們，講話無意之間會傷害到其他人，開口之前務必要深思熟慮。

這些容易得罪人的言語，總歸一句就是「沒禮貌」。初次見面，不管是少數幾人聚會或是多人宴會，彼此都不是很熟識，有句話說「交淺言深」，交情不夠，就不要急著跟人家裝熟，去談薪水、感情這些觸碰隱私的話題；用字遣詞也一樣，在密友之間常用的玩笑話，就不能搬到陌生場合來。當你表現出很有禮貌的態度，就算講話內容不夠精闢，至少不會令人討厭；反過來，就算你學識淵博、辯才無礙，只要用詞不禮貌，絕對不會討人喜歡。

受邀作客，就要當最佳配角

有次我參加一場某大財經媒體與知名投信公司主辦的新基金發行說明會，主要目的是分享投資趨勢，同時介紹投信公司發行的基金。原本應該是個可以好好認識投資的場合，誰也沒料到，第一個受邀演講的來賓，一上台就說：「我教了二十幾年的經濟學，從來沒有看過一個投資成功的案例，你們來自士農工商各行各業，回去把本分的工作做好，賺的錢放在定存，絕對不要亂投資。」

此話一出，在場的基金經理人，額頭上頓時出現三條線；主辦單位的負責人，整張臉垮下來，現場氣氛降到冰點。會後公關公司主管因為沒有事先溝通好，造成「好好鱉殺到屎流，好好囝搖到臭頭」（註），點頭如搗蒜拚命道歉，自嘆「請鬼拿藥單」。消息傳遍基金業和媒體業，我後來在相關的演講場合，幾乎再也沒看過這位來賓出現。

如果他不認同投資這件事，大可以拒絕出席；既然決定共襄盛舉，就代表了對這場活動的支持，理應盡到賓客的職責。不一定得幫忙推銷基金，但身為一位具有經濟學背景的演講者，至少可以從理財與風險的角度，往正面的方向做引導。這麼一鬧，就算事後主辦單位再怎麼想辦法挽救，也注定是場失敗的活動。

主人面子擺第一，力求賓主盡歡

不管是工作場合或是私人聚會，受到邀請，當然得搞清楚活動的目的，並且把主人的面

註：料理鱉時沒有處理好，導致排泄物溢出來；健康的嬰孩被照顧到整頭發臭。意思是應該仔細處理的事情，卻因為用錯方法而搞砸了。

子放在第一位，讓這場活動可以賓主盡歡。

我曾參加過一場結婚喜宴，同桌十個人都互不相識，大家交換完名片，開始討論起時事，難免接觸到政治問題，偏偏台灣又是一個藍綠惡鬥的政治環境；當場就有兩個人，為了不同的政治立場，從閒聊變成爭吵，爭得臉紅脖子粗。大概才上了第三道菜，其他人開始藉故離開，或看到別桌有空位就乾脆換座位；最後我們這桌剩下不到五個人面面相覷，心情都被破壞光了，整頓飯吃起來實在很沒意思。

「秀才遇到兵，有理講不清」，在公開場合，遇到理念不合的人，又是在別人的場子，再怎麼不高興，也不能失了分寸，否則雙方都丟臉，也讓主人很沒面子，就算吵贏了，最後也沒人得到好處。「酒逢知己千杯少，話不投機半句多」，談話過程中遇到摩擦，忍一下，閉上嘴就沒事了。

做好球給主角，千萬不要亂漏氣

有些人自我性很強，任何場合喜歡求表現、凸顯自己，想要成為全場焦點；其實，在高談闊論的過程中，也很容易無意展露出自己的缺點，讓人退避三舍。

只要今天你不是主人，就不要去搶鋒頭，把舞台讓給主人。特別是某些私人聚會，主人邀請你當陪客，代表他很重視你，並且希望你能扮演潤滑劑的角色，幫他看看有沒有需要注意的地方，或是幫他講講好話，關鍵時刻做個球給主人，臨門一腳得分，下次有機會就非你莫屬了。

就像女孩子陪女生好友去相親，當然就不能打扮得比主角妖嬌美麗啊！看看電影《二十七件禮服的祕密》裡，幫二十七位朋友當過伴娘的女主角，衣櫥裡每一件伴娘禮服，一件比一件又醜又怪；正是因為在婚禮上，伴娘要擔負起襯托新娘的重要任務。世上有哪個新娘，會請一個比自己漂亮的伴娘來搶奪風采呢？

在相親這類的飯局上，身為女方的朋友，如果她害羞而不常開口，可以幫忙找話題，引導她多聊聊自己的故事。

例如：

「妳上次不是說……後來怎麼樣了？」

「妳有個同事，去年不是發生一件很好笑的事？再說一次好不好？」

或是在談話過程中，找到雙方的喜好，趁機凸顯出女方的優點。

例如：

「她也很喜歡小狗，有次她救了一隻受傷的流浪狗回家，可惜家裡已經不能再多養了，但她還是幫小狗上網找到新主人……」

「我們幾個朋友都很懶惰，每次要出去玩，一定都是她打電話一個一個約時間，我們常常很慚愧……」

「有些女生回家以後就很邋遢，可是她房間超乾淨，連衣櫥打開都有香味……」

這些日常生活瑣事，連女主角自己也不覺得有什麼值得說嘴的，但是透過你這個朋友的觀察，並且用不著痕跡的方式說出來，特別顯得她善良又熱情，也為她創造了一個很棒的形象。

換作是在交際應酬的場合也一樣，假設有個熟識的生意夥伴，找你陪他去跟一個潛在的新客戶餐敘，你也可以適時地分享過去的成功合作經驗。

例如：

「上次我跟他下了一筆很緊急的訂單，本來希望一星期以內交貨，結果他不到兩天就調給我了……」

「找他合作，我一向很放心，就算不用白紙黑字寫下來，他也一定幫我辦到好……」

「換作別的公司，他這種職位的流動率很高，可是他卻待了三年就升官三次，真不簡單……」

此外，不能為了開玩笑，而說出貶低主角的話，也不要隨便掀出主角的不良習慣。

例如：

「其實她有很多人追啊，可惜那些追求者不是太矮就是薪水太低，她看不上……」

「她很會買衣服，逛一次街，沒有花到一萬元是不願意回家的……」

「有次他丟了一筆很重要的訂單，差點被老闆開除，還好主管挺他，他才做到現在……」

「你看他現在這麼優秀，不會想到他剛出社會的時候，每天都睡過頭……」

有句話說「互相漏氣求進步」，意思是指出錯誤，讓對方有機會改進，但只要有第三者在場，可千萬不能漏人家的氣，特別是有特殊目的的場合。別以為跟主人熟到不行，就說出這些只能關起門來開玩笑的話，不僅一點幫助也沒有，嚴重一點還會毀了人家的感情和工作，以後朋友也別想當了。

「紅花需要綠葉映襯」，客人的身分，就像是電影裡的配角，責任是把主角的重要性襯托出來，讓電影情節可以順暢地走下去。在現實生活中，我們沒辦法ＮＧ，一言一行都馬虎不得啊！如果你認為自己無法勝任，聽我一句，那就乾脆別參加，待在家裡修身養性吧！

1-3

慣用語是特色還是毒藥？

我們講話時，總有一些不經意脫口而出的慣用語，譬如「對啊」、「然後……」、「那……」，這類用詞其實沒有確切的意義，但是適當地使用，可以幫助說話的人緩和思緒，或是提醒別人「注意聽喔！我現在要講話了」，類似功能的用語還有「事實上」、「說真的」、「比如說」、「那」、「我認為」……等。只要別出現太頻繁，也不太會造成不好的感受。

粗話當發語詞，是親切還是不敬？

不過，有些人常常會忽略，某些慣用語，也許是個人的特色，但是說出來，其實是會讓自己的形象扣分，比如說粗話、鄙視的話。

很受青少年歡迎的作家九把刀（現在更是億萬票房的電影導演），二〇一〇年底到一所高中演講，分享他的成長經歷，演講過程中不時穿插著「靠」、「幹」這些字眼。演講完畢，校長接過麥克風，也模仿九把刀說，「幹，你怎麼講得那麼好啊！」根據新聞描述，在場學生聽到校長這麼說，全場報以熱烈掌聲。

這則新聞轟動一時，但也引發「校長當眾爆粗口」的輿論批評，儘管校長解釋，在當下的情境，只是引用了九把刀的慣用語，也相信學生都懂得分辨校長不是在故意罵髒話。只不過，新聞爆發後兩天，校長還是為此事道了歉。

前行政院長吳敦義在二〇一一年與農民團體會面協商，事後也被爆料，在過程中曾低聲說了五次「媽的」。後來吳敦義出面開記者會，解釋自己是地方選舉出身，以後也會小心不要把這些「鄉土的發語詞」帶到談話裡。

沒有惡意的粗話，常被視為一種表示親切、具有草根味道的用詞，票房高達新台幣五億元的暴紅國片《海角七號》，電影裡的對白也出現很多句台灣社會的粗話，就是一個很經典的例子。

回到日常生活中，我要提醒大家，對於很熟的朋友，粗話偶爾講來說說笑笑，也許不覺得有什麼問題；但是別忘了，粗話在字面上，仍然是一種不敬的言詞。當「出口成髒」已經成為一種習慣，不小心在交際場合說溜了嘴，多數人還是會在心裡烙下「這個人講話真不文雅」的印象。我們不是每個人都是九把刀，我們的生活也不是在拍電影，仔細想想，如果你的朋友一天到晚跟你講粗話，你會敢把他帶到正式場合認識新的合作夥伴嗎？一般人應該會擔心這種人端不上檯面，不敢冒這種風險，建議還是把這個習慣改掉為妙。

反覆問「你懂嗎？」愈讓人心生反感

另外一種容易被討厭的慣用語，非以下這幾句莫屬了：

「你懂我意思嗎？」
「我這樣講，你聽懂嗎？」
「我這樣講，有沒有聽懂？」
「聽得懂我在說什麼嗎？」

講話講到一個段落，就來上一句這類「結尾語助詞」，相信不少人都有聽過，而且多半會在腦海裡浮出問號和驚嘆號，「為什麼認為我聽不懂？我理解力很差嗎？」

會講這類慣用語的人，多半沒有惡意，也許只是看到對方面無表情在放空，擔心對方沒聽清楚，不了解自己說話的重點，因此習慣再三確認。不過，對方有可能只是在腦中沉澱剛剛聽到的話，突然飛來一句「你懂我意思嗎？」心裡多多少少覺得被羞辱了。

偏偏這種話，多半不是出現在閒話家常，而是經常發生在需要表達觀點的時候，不管說話的人再怎麼言之有物，這類慣用語往往會造成負面感受。

我還聽過有場演講，大約每隔幾分鐘的段落，台上的講者就冒出一句「我這樣講，你聽懂嗎？」頻率之高已達到疲勞轟炸程度；這種演講，幾乎沒什麼可聽性，來賓一個個溜走，還沒警覺，繼續轟炸「我這樣講，你聽懂嗎？」最後只剩下小貓兩三隻。有智慧的講者，發言一定句句洗鍊，對演講內容深具信心，但態度多半是謙虛的，不會出現這種鄙視、輕蔑的語句。

演講的笑話多如牛毛，有一位演講者，預計兩小時講完主題，會場人數五百位，但講到半小時聽眾就跑掉兩百位；講到一小時的時候，聽眾已經跑了三百位了；剩下半小時的時候，聽眾剩下十位；剩下五分鐘時，就只剩下一位忠實的聽眾。演講者心中不免發牢騷直說，這些聽眾實在是太沒水準了，全部跑光光！但起碼還有一位在聽，這位聽眾太有水準了。接著這位演講者就問他，「你為什麼這麼有耐心，聽完我的演說呢？」這位聽眾回答，「因為我要等你講完，我才可以關門下班！」演講者應引以為鑑。

如果真的很擔心人家聽不懂，不妨在最後提供「ＱＡ時間」讓聽眾發問，或是留下聯絡方法，事後可以再進一步討論，都是不錯的替代方式。

愛撂英文，弄不好詞不達意又不討喜

有陣子，中國社群網站微博流傳著一段嘲弄「外企白領」的說話方式：「這個project的schedule有些問題，尤其是buffer不多；另外，cost也偏高。目前我們沒法confirm手上的resource能完全take得了。Anyway，我們還是先pilot一下，再follow up最終的output，看能不能run得比較smoothly，更重要的是evaluate所有的cost能不能完全被cover掉。」

在工作場合，像這樣的「中英文夾雜」方式，如果是你和主管、同事與客戶之間共通的默契，倒不會有大問題。醫療業、科技業、學術界，有很多英文專有名詞不方便使用中文表達，放在談話裡也不會讓人感到突兀。不過在生活中，撇除那些「Hi」、「Sorry」、「Bye-Bye」、「OK」等簡短的日常用語，若只是為了展現自己英文很行，硬要在每一句中文夾雜一、兩個英文單字，其實並不那麼討喜。不是每個人的英文程度都很好，你使用的英文單字，如果人家聽不懂，又不好意思發問，那麼你所說的，反而詞不達意，成為一場失敗的談話。同時，對方也許會自慚形穢，彷彿跟你講話，還得先去把英文學好，不知不覺就產生了隔閡。

善用「請、您、謝謝、對不起」幫形象加分

說話可以看出一個人的修養，前面舉的幾個例子，簡單來說都是以自我為中心，不會考慮到對方的感受，才會引起反感；這類會造成人家感到「你這樣講，很不尊重我」的慣用語，最好都能修飾掉，不要以為那是你的個人特色，弄不好，就成了人際關係的毒藥。

說話的目的是溝通，如果讓對方感受到不被尊重、受到羞辱、引發反感，不僅失去溝通的美意，甚至反目成仇，就得不償失了。如果想要表達基本的尊重，又不會太過虛偽，可以善用哪些詞彙呢？其實簡單的「請」、「您」、「謝謝」、「對不起」這幾個字就很好用。

日本企業在觀察新進人員的品格時，會在飯局上，看他們是否會對上菜添水的服務人員說

「謝謝」。我讓兒子替我倒杯水，也會對他說「請」；現在我也訓練自己講到「你」時，一定改成「您」，這種容易被忽略的小細節，往往是讓形象大加分的關鍵。

1-4

學會幽默，化危機為轉機

碰到股市一片慘綠的時候，我走進演講會場，看到觀眾焦急的神情，一定要回答他們最想知道的問題。

「剛剛有一個投資人問我，大盤到底會跌到幾點啊？我跟他說，跌到下午一點半就不會再跌了。剛才打電話回去果然已經不跌了。」

這樣幽股市一默，觀眾總是被逗得哈哈大笑，把心情放鬆，繼續聽接下來的演講。

我們看事情經常只用一種角度，為什麼笑話常被稱為「腦筋急轉彎」，因為思路轉了個彎，跳脫原本的邏輯，讓我們感到出乎意料，自然會覺得好笑。轉一個幽默的彎，往往可以成功地把氣氛帶到另一個情境，讓大家意識到，本來一件很負面的事情，換個方向，竟然也能看到樂觀又正面的角度。

一個演講者，上台時不小心腳突然一拐，摔倒在台上，看到的人一定替他捏把冷汗，心裡默默地說：「天啊！他超糗的。」但是，如果他接下來這樣講，「今天我實在是迫不及待要跟大家見面……」利用自嘲來化解尷尬，不但一點也不糗，反而凸顯了他的機智，換來觀眾會心一笑。

順手推舟，解除尷尬氣氛

人際關係上，多多少少都會遇到許多意見上的摩擦，要是硬碰硬，不小心擦槍走火，場面就難看了；這時候心情要保持淡定，換個角度再發言，既能避免得罪人，又能化解尷尬，轉化僵持不下的氣氛。

歷史上有許多極具幽默感的名人，他們遇到衝突場面時，非常擅長用「順手推舟」的方式，不正面迎擊，反而能輕鬆度過難關。

有一次美國前總統雷根（Ronald Reagan）訪問加拿大，在一座城市發表演說。演說過程中，有一群舉行反美示威的人不時打斷他的演說，明顯地展現出反美情緒。

當時的加拿大總理皮埃爾・特魯多（Pierre Trudeau）對這種無禮的舉動感到非常尷尬。雷根面帶笑容地對他說：「這種情況在美國經常發生，我想這些人一定是特意從美國來到貴國的，可能他們想使我有一種賓至如歸的感覺。」聽到這話，尷尬的特魯多禁不住笑了。

還有一次，雷根在某個活動上致詞，他的夫人南西突然從椅子上跌下來，在場的人都嚇呆了，雷根看到南西平安無事回到座位上，也不慌不忙地說：「親愛的，剛剛不是說好了，我演講時如果沒有人鼓掌的時候，才用這招嗎？」雷根在許多民調當中，是歷任最受歡迎的美國總統，他沒有特別優秀的學歷，但他是一位特別高明的演說家；在公開發言時經常急中生智，難怪大多數的人民都喜歡他。

英國前首相威爾遜（Harold Wilson）在某次演說時，也有抗議分子對他大喊：「狗屎！垃圾！」全場一片尷尬，威爾遜卻鎮定地說，「請這位先生不要著急，我們馬上就要談到環保議題了。」

另一位英國前首相邱吉爾（Winston Churchill），則是在演說活動時，台下傳來一張紙條，上面只寫著「笨蛋」。一般人看到紙條，都會感到被羞辱了，但是邱吉爾卻把紙條亮出來，跟觀眾說，「通常紙條上面都會寫上想問的問題，不過這張紙條的主人，忘了寫問題，只寫上了自己的名字。」成功將了對方一軍。

答非所問，巧妙轉移話題

另一種發揮幽默的方法，則是利用「答非所問」，把問題轉換到別的角度，來應付左右為難的麻煩。美國前總統林肯（Abraham Lincoln）任內，有個財政官員過世了，當天晚上就接到另一位部下打電話要求，「請問我能不能取代那位財政大臣的位置呢？」林肯回答，「只要殯儀館同意，我不反對。」

在一次訪問中，史瓦茲科夫將軍（Norman Schwarzkopf，第一次波灣戰爭中的美軍統帥）被問到，他是否有可能原諒那些曾經庇護與教唆美國九一一恐怖分子的人。不管答案是肯定或否定，好像怎麼答怎麼錯，看看他是怎麼回答的：「我相信原諒他們是上帝的事，而我們的工作是安排他們跟上帝見面。」轉一個彎，不正面回答，卻能巧妙地詮釋他的立場，誰也不得罪，多高明啊！

有個阿婆第一次出國，登機之後一路衝到頭等艙坐下來。菜鳥空服員看到機票，發現阿婆的座位在後面經濟艙，請她換位子，但阿婆不願意，「我們家鄉都是先占先贏！」

空服員不敢得罪她，於是換了座艙長來溝通。

「您好，請問您要出國玩，高不高興呀？」

「好高興呀！我是第一次出國呢！」

「請問您要去哪個國家呢？」

「我要去日本。」

「哎呀！阿婆您坐錯位子了，這邊是要到香港的，要去日本的座位在後面。」

阿婆一聽，連忙拎著行李換位子了，問題迎刃而解。

拐彎抹角，反將一軍扭轉局勢

前陣子因為證所稅和油電雙漲問題，我經常在電視節目曝光，跟某位教授的意見相左；不久後，我到電視台跟這位教授的太太同台錄影。不料我一抵達攝影棚，這位女士就開口糗我。

教授太太：「我們今天不是不討論證所稅嗎？怎麼又改題目了，而且還請憲哥來！」

我：「留一口飯給我吃嘛！」
教授太太：「你到處上節目，吃好多口飯了。」
我：「我的胃口稍微大了一點，請您原諒一下。」
教授太太：「油電雙漲，你替沒錢的人講話；證所稅事件，又替有錢人講話，簡直是雙重人格嘛……」

直到正式錄影，雖然我沒有生氣，但現場氣氛仍然有點火藥味，製作人看起來也很緊張，於是我找時間插進這麼一段話：「到了上海才知道錢太少，到了北京才知道官太小，到了海南島才知道身體不好，回到台灣才知道文革還在搞。」這段暗諷，聽得現場記者都笑歪了，也讓我趁機扳回一城。

自我解嘲，幽默又不傷人

幽默感是用來捍衛自己立場的優秀武器，有時候必須貶低自己的對手，但要記得，千萬不要弄巧成拙，傷害到旁人。有次我在演講時，要諷刺假仁假義的偽君子，本來要引用一句台灣俗語「嘴念經，手摸乳」，我才剛要開口，突然瞥見台下有個和尚，於是我立刻硬拗成「嘴念經，心就清」，差一點禍從口出，真是好險！

其實，有時候如果能把挖苦的對象換成自己，炒熱氣氛的效果也很不錯。有幾次，我跟觀眾談到以前不喜歡上台的原因，是擔心自己長得不好看，這時我會說一段小故事，「我常常跟我媽抱怨，妳為什麼把我生得這麼醜？母親回答我，長得醜不是你的錯，但如果你晚上出去嚇到人，就是你的錯。」

還有一次到電視台錄影，忽然停電了，過了一陣子電來了，現場還一片慌亂的時候，我說了句，「還好今天有我在，所以還有點亮光。」立刻就讓現場發出笑聲。台中市長胡志強也很擅長自嘲，有一年他在端午節活動變裝成法海和尚，面對記者訪問，就開了自己一個玩笑，「要我扮和尚，唯一不用化妝的是頭部。」

像這種自我解嘲很容易被接受，既不會傷害到別人，又能讓旁人產生優越感。不過，也要拿捏好尺度，別過度貶低自己，否則自嘲變成自卑，反而讓聽到的人感到難為情了。

幽默是靠「練」的，多和有幽默感的人相處

從前面舉的幾個例子可以看到，幽默，需要迅速地臨場反應，這種技巧很少人是與生俱來的，多半是靠後天培養。像我成長在嘉義鄉下，很幸運，從小就跟長輩學了很多台灣俚語和俏皮話。像是以前有鄰居吵架，爸爸去勸架，會用台語說「冤家、冤家，冤冤的都是加的。」意思是吵到最後，都覺得是多餘的；雙方聽到這句話，劍拔弩張的氣氛往往會緩和下來。

如果要安慰失戀的人，則可以跟他說「鴨蛋抛過山」（看破）；想要罵人不帶髒字，也能用台語說「三好加一好」（台語諧音為：死好）。在這裡我只是舉例，還是不鼓勵大家用來罵人就是了。

我想，要培養幽默感，最有效的方法，是多跟有幽默感的人相處，多觀察身邊的人，去思考他們為什麼那麼幽默？如果面對同樣問題，他們的思考角度是什麼？同時多閱讀，多看一些笑話，功力就會進步。

1-5

一句好聽話，讓人更喜歡你

美國有一個調皮搗蛋的小男孩，九歲的時候，父親娶了後母進門。父親介紹兩人認識時，對後母說，「妳要特別小心，他是鎮上最惡劣的孩子，他很可能會朝妳丟石頭，甚至做更多妳想像不到的壞事情。」沒想到，後母走到小男孩面前，微笑著說：「你錯了，他不是最惡劣的孩子，而是最聰明的一個，他只是還沒找到地方發洩他的熱情。」

這段話改變了小男孩的一生，因為後母的讚美，兩人建立起良好的情誼，更對自己充滿了信心。長大以後，他變成了世界著名的作家、演說家與人際溝通大師，他提出的人際關係原則還發展成一系列的課程，數十年來影響無數人的人生。

這個小男孩，就是你我耳熟能詳的卡內基（Dale Carnegie），連股神巴菲特（Warren Buffet）都參加過卡內基的訓練課程，幫助他從一個害怕當眾講話的年輕人，成為能在數萬名股東面前發表談話的企業家。

每個人都喜歡聽到好聽的話，我們常說的，給人戴「高帽子」，就是給人讚美的意思。傳說中，關公奉命看守南天門，有一天，一個商人帶了五百頂帽子要通過，關公將他攔下來檢查，「你帶那麼多帽子要做什麼？」商人回答，「現在的人都愛聽好話，所以高帽子的銷路很不錯。」關公很不高興，認為這樣一來會助長人間的諂媚風氣，商人連忙說，「現在大家都習慣阿諛奉承，世界上要找到不愛聽好話、個性剛正不阿的人，也只有您一人了。」關公聽了很滿意，答應放行，可是檢查了一下帽子數量，發現不對勁，「為什麼高帽子只剩下四百九十九頂？」商人笑說，「因為我剛剛已經送出一頂了。」

其實，喜歡被讚美，是因為喜歡受到肯定的感覺，台灣有句俗語說，「良言一句三冬暖，惡語傷人六月寒。」意思就是好聽的話，即使在寒冷的冬天，也會讓人感到心裡暖烘烘的；難聽的話，就算是炎熱的夏天，聽了也會讓人覺得寒意陣陣。

我們經常會在不同場合接觸到其他人，如果你能適時給對方讚美，對任何人來講，無意中也會去激勵到他，可以說是功德一件；對方聽了心裡高興，也能為你們未來的互動奠下良好的基礎。讚美就像給對方噴香水，香水也會濺到自己身上。讚美按對象不同，各有以下需要注意的「眉角」：

讚美初識對象》逢人短命，遇貨添財

對於剛認識的人，最好用的讚美，莫過於「逢人短命，遇貨添財」了。意思是，你看對方的年齡大約四十歲，但是一定要跟對方說，「我看你的年紀應該不到三十歲。」不過，也不能太誇張，人家明明已經六十歲了，卻說他像十八歲，反而讓對方覺得你虛情假意。

同樣的道理，日常生活中面對女性，不管人家是已婚或未婚，在百貨公司裡比你年輕的專櫃人員，還是餐廳裡比你年長的服務員，就算外表明顯已經上了年紀了，我們只要開口，最好都稱呼「小姐」，十之八九不會出錯（中國除外！因為中國的「小姐」代表在特種行業上班的女子，應該要稱呼「姑娘」）。

看到女生背了一個名牌包，看起來像是三萬元，也可以故意說，「這包包看起來應該有十幾萬元吧！」或是業務員到客戶家拜訪，喝了客戶泡的茶，明明是很普通的味道，也可以說，「喝起來好甘甜，應該是有得獎的茶葉吧！」這是因為每個人都希望自己用的東西，看起來物超所值，你稱讚他用的東西，等於稱讚他的眼光和品味，當然能讓人心花朵朵開，也就是所謂的「遇貨添財」。

換另外一個角度，如果在一個談生意的場合，面對一個臉上已經有明顯魚尾紋的熟女，你開玩笑說她看起來像五十歲了，這頓飯還吃得下去嗎？生意還可以談下去嗎？合約還簽得下去嗎？她背了一個真皮的名牌包，手上戴著發亮的戒指，問你，「猜猜這多少錢？」結果你卻說，「看起來像假的一樣。」以後根本也別想再繼續來往了。

讚美熟人》恰到好處，讓對方感到理所當然

我因為經常上電視節目，跟一個電視台企畫製作人很熟，他是一個大約八十幾公斤的男生，有次我跟他說「你最近瘦了好多，像『紙片人』一樣。」

「真的嗎？」看他一臉得意的神情。

「我是說，『只騙人』。」

因為有不錯的私交，也知道對方開得起玩笑，偶爾講講玩笑話無傷大雅；但是熟人之間，讚美還是必要的，例如跟朋友久久吃一次飯，看到她戴著漂亮的項鍊，可以說，「妳的項鍊跟衣服好搭喔！」搭電梯遇到其他部門的男同事，也可以說，「這條領帶很適合你！」記得別說，「妳今天看起來特別漂亮喔！」很容易讓對方覺得，「難道我平常都很醜嗎？」

讚美要恰到好處，讓對方覺得理所當然，不能睜眼說瞎話。我最怕看到一群人聚會，明明其中一個人的肚子已經有三層肉了，其他朋友還說，「多吃一點啦！你那麼瘦！」當事人

聽了應該也高興不起來。

再分享一個我在電視節目上看到的有趣畫面。二〇一一年的賣座國片《那些年，我們一起追的女孩》，勾起不少觀眾的青春回憶，裡面的高中生女主角「沈佳宜」，一時之間變成許多男孩子心目中的女神。有次電影監製柴智屏到《康熙來了》上節目，主持人小S一直追問，「如果裡面的女高中生是我演，合理嗎？」當現場的人都在顧左右而言他，想要幫忙轉換話題的時候，柴智屏很巧妙地回答，「有一句台詞說，沈佳宜只比班上的其他女同學『好看一點點』，因為這樣妳就沒有被錄取。」暗示她比女主角更漂亮，讓小S很滿意地結束這個話題，另一位主持人蔡康永也不禁驚嘆，「她好會捧人！」

讚美上司》不要忽略旁觀者的感受

明朝有個以機智聞名的才子解縉，有次他和皇帝朱元璋一起釣魚，解縉的魚不斷上鉤，朱元璋卻一條都沒有釣到，心裡很不高興，解縉趕忙吟了一首詩，裡面提到：「凡魚怎敢朝天子，萬歲君王只釣龍。」意思是平凡的魚兒根本不敢上皇帝的鉤，只有龍才能配得上帝王；這個高明的馬屁，拍得朱元璋龍心大悅。

但是把場景換到我們的現實生活中，拍上司的馬屁，就要小心喔！我們除了要考慮當事人的反應，更不能忽略旁觀者的感受。例如想要討好主管，偶爾講幾句讚美的話，最好是趁只有你們兩個人的時候。當現場還有其他同事，他們聽了很可能會起雞皮疙瘩，認為你在拍馬屁，這樣一來會把自己的格局降低，嚴重一點也可能被同事排擠。不要為了成全一個人，卻得罪其他人，成為辦公室的公敵，反倒弄巧成拙。

讚美親人》避免「近廟欺神」

有一個書生很喜歡吃鵝掌，家裡養了很多鵝。不過每次妻子烹調之後，只會端一隻鵝掌上桌，過了一段時間他忍不住問，「鵝不是有兩隻腳？為什麼每次都只吃到一隻腳？」妻子說，「只有一隻腳呀！不信我帶你去看。」當天是中午時分，鵝群正在休息，果然都只單腳站立，於是書生拍了拍手，鵝的另一隻腳就放下來了，他說，「明明有兩隻腳！」妻子冷冷地回答，「對呀！你有鼓掌的時候才有兩隻腳！但你從來沒有為我鼓掌，當然只有一隻腳。」

面對最親密的人，我們往往忘記要多說好話，夫妻之間最容易出現這種問題。我常常看到太太講話糗先生不會賺錢，或是先生糗太太身材不好，看起來好像在拌嘴，其實心裡一定都覺得很沒面子，我認為要避免才好。

就像有句台灣俗語說，「近廟欺神，路頭遠也卡有親。」意思是人們喜歡拜離家遠的寺廟，離家近的反而不去拜；父母往往特別疼愛在遠方留學的孩子，見面熱絡的程度就像天上掉下來的月亮，而每天在家裡伺候的孩子或媳婦，卻認為理所當然，好像是上輩子欠你的，反而疏於應有的尊重。

如果不想讓自己和重視的人之間感情變質，別忘了注意互相讚美與尊重。「隔壁親家，禮數原在」，尤其每天都要見面的親人，不要吝於讚美。其實也不用太囉嗦，例如媽媽買了一件外套給你，或是小孩幫你端了一杯水，記得說聲「謝謝」；太太煮了一頓美味的晚餐，也可以說聲，「這道菜真好吃！謝謝！」這是一種習慣的養成，當每個人都能慢慢有一些改變，時間一久，家裡的氣氛就不一樣了。

1-6

道歉是為了走更長遠的路

做人處事再怎樣小心謹慎，難免有出錯的時候，犯錯道歉是理所當然，最困難的是讓對方完全的原諒你，沒辦法再生你的氣。適當的道歉不但能繼續維繫原來的關係，甚至可以讓雙方的關係更進一步。根據過去的經驗，我認為完美的道歉，一定要注意以下幾個重點：

放低姿態，平息對方怒氣

我高中時半工半讀當派報生，放學後要忙著送報紙，其中一份報紙很冷門，雖然佣金高，但是很少派報生願意接。其中一個客人住得很偏遠，有次遇到學校考試，我有三天都沒去送報；第四天送去的時候，客人非常生氣，當場在家門口大聲指責我。我自知理虧，馬上低頭道歉，並且告訴他，因為學校考試，才耽誤了送報工作。大概是因為我穿著學校制服，道歉語氣也很有誠意，客人立刻氣消，對我半工半讀的上進心表示肯定，整件事圓滿化解。

很多人不喜歡道歉，是因為彎不下腰。有句話講得非常好：「低頭天更高，彎腰氣更長」，特別是在商場上，錯就是錯，不認錯只會變本加厲，對方認為你不真誠，未來也不會想再繼續跟你合作；搞不好因為一個小小的錯，喪失未來大筆生意的機會。我常常看到很多失敗的協調，大部分是錯的一方死不認錯，面子裡子都要，結果陷入萬劫不復的地步。

即使當上公司高層，遇到需要道歉的時候也得把姿態放低。我以前擔任投顧公司總經理時，我們部門的研究員每週都要寫「投資週刊」，推薦有潛力上漲的股票；但是市場瞬息萬變，今天看漲，過幾天可能有突發利空出現，股價走勢便不如我們所預期。或是趨勢突然反轉時，我們船頭已經轉向，來不及通知所有客戶，有一些大老闆、大客戶如果操作失利，就會怪罪下來。身為總經理，我也得擔負起道歉的任務，請客戶吃頓飯，當面賠罪，有時候也可以帶一點小禮物表示誠意。

掌握第一時間，避免錯誤擴大

報紙上看到已婚名人的緋聞，最常見的戲碼是，第一天先登幾張男女主角約會的照片，當事人會解釋現場還有其他朋友。第二天又登出男女主角有親密動作的照片，當事人又說只是拍攝角度有問題。第三天之後更多照片曝光，愈來愈多消息來源浮上檯面，人證物證俱在，再也賴不掉，只能被迫道歉。

這種藉詞推託，不見棺材不掉淚的做法，造成的傷害往往會愈滾愈大。反倒是一出事就公開認錯道歉的做法，通常都能讓大事化小、小事化無。我們畢竟是一個鄉愿、濫情的社會，只要真誠反省，還是能留有一條生路。

不管是親情、愛情、職場、商場，各種人際關係的道歉處理，一定要愈早愈好，不要讓事態擴大。拖得愈久，對方心裡的怒氣只會持續發酵；一旦有心人在旁邊煽風點火，更容易讓心結擴大。

很多事情是環環相扣的，某一個環節出現錯誤，即使是很小的疏失，不要因為擔心被責備而逃避處理；一旦事情惡化到沒有辦法收拾，最後會賠上好幾倍的損失。我以前在電器公司工作時，公司接到裝設空調的案子，會由設計人員負責規畫風管線路，如果設計不良，會有氣流分布不均勻或漏水問題。有一次某家新飯店在裝設風管的施工階段，業務員發現設計出錯，立刻在第一時間通知設計人員和飯店，幸好還沒開始正式裝潢，得以讓我們以最低的成本，盡速更正錯誤，對飯店造成的麻煩是工期必須延宕幾天。若是等裝潢完成甚至開幕之後才發現錯誤，就得打掉裝潢重新裝設；不僅公司得付出更龐大的更正費用，信譽也會遭受重大的損害。

親自出面才有誠意，不要透過別人傳話

年輕人有句俏皮話說，「一人做事一人當，小叮做事小叮噹」。道歉是自己的責任，絕

不能透過第三人，假設你的同事得罪你，他卻請另外一個同事跟你說，「某某人覺得對你很抱歉，希望你不要再生氣了。」你聽了會高興嗎？這跟當事人親自道歉的誠意就差了一大截！

不過，如果你覺得單獨道歉太可怕，或是想要讓場面更慎重，倒是可以找第三人充當「和事佬」。這個人有足夠的身分地位，講話夠分量，可以讓對方賣他一個面子。例如你得罪了一個企業老闆，剛好你的親戚是那位老闆的好朋友，就能找這位親戚陪同你出面；或者你得罪的是隔壁鄰居，也可以找平時跟里民相處熱絡的里長陪你上門道歉。這種第三者可扮演潤滑的角色，幫忙達到排解糾紛的效果，並在適當的時機避免彼此尷尬。

衡量得失，再委曲也要道歉

道歉要真誠，但是有一些狀況，明明是自己受到委屈，還是不得不低頭。我人生中就有一段被迫道歉的經驗，從此讓我引以為誡。

我在證券業的時候，曾經為某家知名報社寫了兩年的投資專欄。有一次我發現某家上市公司（以下稱為A公司）在前一年的三月，透過親近媒體發布一則關於公司展望的新聞，「根據A公司高層表示，今年EPS上看八元。」消息一出來，吸引大批散戶進去搶，股價立刻被往上抬。

沒想到過了幾個月，半年報出爐，財務狀況不盡理想，當年度EPS被下修到五點三元，股市本來就詭譎多變，市場上其實還能接受。沒想到同年第三季季報公布後，獲利狀況還是很差，EPS又被下修到三點五元。直到隔年的三月初，實際的EPS數字竟然不到一元。

A公司透過媒體發消息，掌握這幾個月的訊息空窗期，吸引散戶進來買，高層就拚命倒貨大賺一筆；先炒上去再賣下來，這種坑人血腥的事情在股票市場其實常常上演。我看到這起事件，大筆一揮，在投資專欄寫出「A公司大股東心懷不軌，財報暗藏玄機」，並在內文提醒投資人不要碰。因為我是直接指名道姓，見報後，A公司立刻透過律師事務所，發出律師函說要告我。

當時有個好朋友幫忙牽線，讓我去拜訪A公司。我跟董事長見了面，握手寒暄之後，他第一句話是：「我公司目前在銀行有八十七億元的現金，你敢跟我打官司嗎？」

他表示，發消息的是那家媒體，跟他們公司沒關係，推得一乾二淨；而我確實也拿不出A公司與該媒體勾結的證據，即使我明明沒有錯，也只能「忍辱偷生」。現實的社會裡，小蝦米要跟大鯨魚對抗，需要賠上無窮的精神、時間與金錢，想到未來可能面對的漫漫長路，我「兩害相權取其輕」，選擇當面跟董事長道了歉，平息這場風波。

我犯的錯誤，就是自以為在行俠仗義，卻忘記可能造成的後果。從此之後，我寫文章必定字斟句酌，本來下標十分辛辣，往後也格外謹慎。到現在，那封律師函，我還保存在家裡，提醒我不能再重蹈覆轍。

類似的狀況，一般人生活上也很可能會碰到，例如在學校碰到霸凌，在路上碰到惡霸欺負你，或是在商場上遇到大公司壓迫你。事情發生的當下，必須審時度勢，掂掂自己的能力與人脈，衡量自己有沒有跟他對抗的本事？俗話說：「大丈夫能屈能伸」，講的是「韓信胯下受辱」的故事。小不忍則亂大謀，如果硬碰硬，很可能從此一蹶不振；「留得青山在，不怕沒柴燒」，有時候委曲求全，先求過得了眼前這一關，努力累積自己的資源，未來也許還有扳回一城的機會。

2

讓觀眾不分心的說話魅力

2-1

每一場演講，都為觀眾量身打造

你最怕什麼？死忙、孤獨，還是生病？有一本美國圖書《The Book of Lists》，列出了十四種最讓人害怕的事，排名第一的，居然是「在眾人面前演講」，以大約四成的比率輕鬆奪冠。

很多人以為，能在台上談笑風生，多半是特殊天分，或受過什麼神奇的潛能開發課程、口才或膽量訓練。從我第一次上台演講至今，二十多年來，已經累積了上千場公開演講的經驗，我必須老實說，那些正規的訓練課程，我一次都沒有上過；而且人生第一回上台對眾人說話，也是在雙腿發抖中度過。

第一次上台，雙腿發抖兩小時

一九八七年（民國七十六年）台股正式突破千點，當時是台灣股市飆翻天的瘋狂年代，幾乎每個人都在買股票，到處都在開教人怎麼投資的講座。大概是平時我在證券圈裡，講得一口好股票，結交了不少好朋友；同年的下半年，受到了一家資訊公司的邀請，去擔任一場付費股市講座的講師。

我從來沒有類似的經驗，就連讀小學的時候，被老師指派上台背誦講稿，都說得七零八落、慘不忍睹；這樣的我，真的能當講師嗎？我自己也很懷疑，不過考慮了幾天後，我還是決定挑戰看看，接下這個任務。

出發之前，我準備得非常充分，從自我介紹、開場白、課程內容，一字一句都清清楚楚寫在講稿上，還在家裡對著鏡子反覆練習了好幾次。終於，這天來了。我一抵達現場，五十多位觀眾，一百多隻眼睛，我首先看到的是這些渴望的眼神，他們每個人花了新台幣五千元來上課，希望能帶回去有用的知識。我心想，一定不能讓他們失望。

接受完大家的熱烈掌聲，一站上台，天曉得是怎麼回事，我的腦中居然一片空白！將近有三分鐘的時間，我不曉得應該從哪個部分講起。幸好我有先見之明，把預先寫好的講稿帶到台上，就在我不知道該先說哪句話時，就一個字、一個字念講稿，前面十分鐘幾乎照稿宣科，度分如年，時間好像凍結一般；兩個小時的演講，邊看稿邊演講，兩隻腳也抖了兩個小時。這一百二十分鐘，簡直比一個世紀還長；那種恐懼、煎熬，甚至自尊心受挫的感覺，我到現在還記憶猶新。

雖然演講表現很緊張，不過我還是獲得了觀眾掌聲，大概是因為我有準備一些明牌給他們的關係吧！而且在這次之後，我竟然又接到了一系列的課程邀請，證明我準備的課程內容還算不錯！從此開啟了我「靠嘴吃飯」的人生副業。

於是我開始思考，怎麼讓觀眾喜歡聽我上課？因為害怕有人打瞌睡，我在課程中穿插了幾則跟股票有關的笑話或有趣的故事，果然反應非常熱烈，信心也慢慢建立起來。

隨觀眾類型，微調演講元素

初期，我的講座觀眾大約五十人，都是單純的股市課程，後來我陸續也接到觀眾超過百人的中大型演講，主題也幾乎都是理財、投資，符合我的專長，也讓我在往後演說的準備功夫輕鬆許多。

台灣有句俗話說，「看哪種人撒滷」，意思是一個會做生意的滷肉飯老闆，看到工人騎著摩托車來吃滷肉飯，飯要多一點、滷汁多一點，讓他吃得飽飽飽。看到一個斯文的上班族上門，飯要少一點、滷肉多一點，不用讓他吃太飽，只要剛剛好，他就會覺得很好吃；因人而異量身訂製，老祖宗的智慧，早有明訓。

所以演說內容即使主軸相同，不過針對不同的觀眾群，我還是會特別準備適合這場觀眾的元素。這就像參加宴會，如果你跟宴會主人很熟，就應該先探詢來參加的是哪些人？喜好是什麼？有沒有特殊的禁忌？可以適時地幫助主人招待賓客，不至於說出不得體的話。不管你今天是主人也好，客人也好，臨時加入的也好，有做好事先準備，絕對會讓你臨場的表現達到事半功倍的效果，比平常演出更加分。

比如說，顧慮到台灣的政治色彩分明，只要到南部演講，我會盡量避免談到跟政治有關的時事話題；看到底下都是上了年紀的觀眾，可以多引用一些我擅長的台灣俗語；如果現場觀眾都是男性，穿插一、兩個葷笑話，會把氣氛炒得更熱烈。

我接過一場金融業為女性客戶舉辦的「美麗人生」演講，觀眾都是婦女朋友，我的主題就是如何透過投資理財，去營造屬於自己的人生。這裡面可以講親子關係、家庭生活，例如，「人生有五本存摺，第一個是健康存摺，第二個是財富存摺，第三個是學識存摺，第四個是人脈存摺，第五個是幸福存摺。如果你這五本存摺都能存滿，才是美麗人生。」

雖然我的專長在財富，這部分的篇幅會多一點，但是話題不能完全的集中在財富上，畢竟財富的重要性只是人生的五分之一而已。其他的話題，必須多去做一點功課，不能讓整個會場充滿著銅臭味，這就是我事前必須做的努力。

演講有很多名目，例如建設公司要推案，或是投信公司要推新基金，壽險公司要推新產品，所辦的演講活動，最終目的都是賣東西，但是現在觀眾都很聰明，如果幫忙大力推薦主辦單位的產品，幾乎都會形成反效果。我很高興，最近幾年邀請我的主辦單位，都會特別提醒我不需要替他們做置入性行銷，只要讓觀眾了解投資理財的觀念就好。

另外有些企業會利用旗下的子公司或基金會，用慈善的名義來舉辦演講，通常不會希望與企業本身的業務有太大的連結性，目標是讓觀眾認識公司品牌，達到宣傳效果就好。如果把演講題目和產品做掛勾，反而讓演講失去意義。

接到陌生講題，更要深入做足功課

我還接過對我而言十分陌生的主題：「藝術投資」，主辦單位是一個藝術基金。過去台灣把文化、創意、產業分成三個部分。文化包括文學、繪畫、藝術等；創意是指一些發明、設計；產業則是生產工業。文創產業把這三個東西結合成一個平台，將文化、創意都變成一門生意。

其中像是畫作、雕塑、古董等藝術品收藏，也是文創產業裡的一環。而藝術投資有它的專業性，一般人都是從雅俗共賞開始，然後登堂入室，接下來才能陽春白雪。身為演講者，我的任務是把投資概念，帶入到藝術品這個領域。

演講之前我就知道，前兩場排在我前頭演說的還有兩位大師，觀眾則是收藏家，在場的都是一群真正懂藝術的人，甚至很多人都擁有多年的收藏經驗。雖然都是談投資，但是藝術品和股票是完全不同的專業；坦白講，對我一個毫無經驗的人而言，壓力非常大。一答應以後，我心裡就浮現後悔的念頭，擔心表現不好而砸了自己的招牌，一度想要退掉。

不過，心裡的另外一個聲音是，「去接受挑戰！」人生本來就充滿了挑戰。而在接受挑戰之前，要做足功課，不能給自己和主辦單位漏氣。

我整整花了三個星期準備，去蒐集所有兩岸到國際、歷史到現代，跟藝術投資相關的資訊。上台以後，因為我已經準備好了，就算本身不是收藏家，講起來同樣頭頭是道，一點都不心虛。過程中，我除了引經據典，也談到近期兩岸之間的收藏狀況，還有藝術投資的增值空間，再加進投資理財的觀念，把藝術跟投資做結合。這些觀眾都是主辦單位鎖定的潛力客戶，他們對這個領域感興趣，透過演講，可以了解到收藏品也能有增值的投資報酬效益，就能進一步加強他們投資的信心，吸引更多投資者參與基金募集。

這個藝術基金的系列活動本來只有三場，連同我，每場有三個演講者；據說藝術基金的募集非常順利，後來全台灣又追加了十幾場演講活動，改由我一個人獨撐大局。

遇到這類型的演講，一部分是我的專長，一部分是我不懂的。不懂的那一塊，我一定要去補足，所以我要做很多功課。為了兩個小時的演講，我花了三個禮拜時間做準備，感覺上好像很不划算；但我不會這樣想，我剛好利用這個機會，得以一窺另外一個專業領域的堂奧，這種無形中的收穫不是金錢可以衡量的。也因為這種心態，我的努力與付出，堅持演講要達到一定的水準，讓我後來又接下更多場的演講邀約，更是我當初意想不到的。

也因為這樣的機緣，後來甚至有某家有線電視台的購物頻道，請我當來賓去推薦一幅畫。我引用了蘇軾對於王維作品的評語「詩中有畫，畫中有詩」來稱讚這幅畫，也提到《菜根譚》裡面「黃鳥情多，常向夢中呼醉客；白雲意懶，偏來僻處媚幽人。」引導觀眾進入到畫作的意境裡面。

不是人人都是天才演講家，學就對了

透過這麼多場公開演講，大家已經把我當作一個投資達人，也是一個藝術品的愛好者，而我自己絕對不敢自稱行家。不過我的體會是，機會真的是留給準備好的人，猴子有時候都會掉下樹來，很少人是真正天縱英明的，也不是到處都是「天才的演講家」。

孔子說「君子如水」，水放在不一樣的容器裡，就可以呈現不一樣的型態。在時代巨輪前進的過程裡面，不要故步自封，不能墨守成規；以為自己能力有限，只能做某些原本熟悉的事，這種思維是錯誤的。人的潛能、可塑性以及彈性非常大，不要侷限自己的能力與知識；有機會去學習新的資訊、新的技能，收穫之豐富，絕對不是你能想像。

2-2

上台之前，先做足功課

曾經有人問美國前總統林肯，「十分鐘的演講，你需要準備多久？」他說，「兩個禮拜。」

「半個小時呢？」，他說，「一個禮拜。」

「一個小時呢？」他說，「應該要三天。」

「五個小時呢？」他說，「不用準備。」

愈簡短的演講，內容愈是言簡意賅，因此需要愈長的時間去琢磨。就像是相聲，兩個人嘰哩呱啦講了幾分鐘一個段子，事前可能經過十個小時的演練，才能達到口到、手到、眼到、心到的境界，不是想像中那樣簡單。「台上十分鐘，台下十年功。」不要看我一、兩個小時可以滔滔不絕講不停，能夠練到今天的功力，我大概花了十年的時間。大家都以為我很會講話，其實這是我努力很久的成果。

多準備一段內容

上台之前，一定要先做好充分的準備，並保留意外狀況下的救急「步數」，不能只想著見機行事，萬一老天跟你開個小玩笑，難道都不要講下去了嗎？

有個故事是這樣的，一個年輕人去參加牧師考試，其中一項考題是三十分鐘的自由演講。他在考試前三天，先住進考場附近的旅館，從早到晚很勤快地在房間裡大聲背誦講稿。到了考試當天，排在他前面一位的考生上台後，竟然把他的講稿一字不漏地講出來；他仔細一看，原來那位考生就是住在他旅館隔壁房間的房客，這下真的是「隔牆有耳」，他準備的內容就這樣被人原封不動偷走了。

怎麼辦？要改已經來不及了，只能硬著頭皮上台，他告訴評審：「要當一位好牧師，要懂得傳道與聆聽信徒的聲音。因此，除了擁有演講的能力，也需要很優秀的聆聽能力與記憶力。現在，我準備把上一位考生講的內容，從頭到尾再講一遍。」本來就是屬於自己的東西，他當然表現得更好，最後成功被錄取。

但是，如果同樣的事情發生在現實生活裡，總不可能一上台就說，「我想講的東西，已經被上一位來賓搶走了。」演講不像演唱會，會安排好每個人的表演內容，確保大家的演出不會重複；萬一排在你前面的來賓談到類似的觀點，剛好把你想講的部分講掉了，如果能夠事先多準備一段，你仍有充裕的內容可以發揮。我很重視每一次的上台，一個半小時的演講，我會準備兩個半小時的資料，每次都講不完，從來沒有一次會講到詞窮。

一九八〇年代，台灣人瘋狂買股票，有些「老師」的演講，根本沒有準備，大部分都在談家裡的小貓小狗等瑣事，但只要最後報幾支明牌，觀眾還是會接受。我也看過有些人太過自信，一上去滔滔不絕，卻都是老生常談，內容十分貧乏；自己以為很好笑的笑話，他講完笑得很開心，卻激不起現場一絲笑聲，成了一場失敗的演講。

觀眾來自四面八方，齊聚一堂聽演講，抱著期盼的心情，就是要享受演講者的精采演出；身為演講者如果沒有慎重準備，讓觀眾感到不虛此行，很難再有下一次的上台機會了。

提早到達現場

演講當天，我會在搭車前往會場的途中，先自己默想一次，「我今天要講什麼？要在哪一個點丟出哪一個笑話？」我通常會提前半個小時到場，心情比較平靜；我不喜歡在前五分鐘匆匆忙忙趕到，然後滿身大汗登台。曾經在某個禮拜六，我在高雄、台中連續參加三場演講；趕場的途中，因為台中某家百貨公司開幕，造成了大塞車。我們的車子一路塞，抵達會場的時候只剩下三分鐘，氣喘吁吁上台，實在很不舒服。

另一方面，提早抵達現場，可以讓主辦單位、經辦人員放心，他們籌備很久的活動，最擔心講師遲到或是臨時缺席；同時也能跟主辦單位面對面溝通，了解演講順序、進場動線等細節。

再來，要去看看演講場地，實際感受環境與氣氛；不管是燈光音響、布置擺設、投影銀幕位置，都會影響到演講者的情緒，如果有不妥的地方，可以趁這段時間改善，或做好心理準備。比方說，有些場地會在講台上擺沙發，如果沙發擋住了進場的動線，一上台會走得非常不順暢。也有的演講會場設備老舊，階梯高高低低，如果一不小心跌倒，就得帶著擦傷和瘀青上台了。

我也遇過某個大型會議廳，可以容納上千人，演講時會有大型聚光燈照著演講者。被聚光燈照射的感覺很難受，燈光太強時，眼睛甚至會睜不開，完全看不到後排，只能勉強看到前幾排的反應，對於喜歡觀察觀眾的我來說，只能告訴自己，等會兒要盡量豎起耳朵，從觀眾的笑聲來應對。而且，我會盡量不靠近黑暗的講台邊緣，以免有時候肢體動作太大，講到一半就摔到台下去。

麥克風也非常重要，如果聲音太小，兩個小時下來，已經口乾舌燥、喉嚨發疼。如果能事前想到這些細節，可以及早請主辦單位調整。

以上看來，都是小事情，卻足以影響到整場演講的水準；所以我們常講一句話，「草仔枝也會絆倒人」，別小看小小的一枝草，被絆倒還是會跌得滿身是傷，千萬別大意。

讓身心達到最佳狀態

二〇一〇年，台語歌后江蕙到高雄辦演唱會，報紙上出現一則有趣的新聞，江蕙入住飯店的時候，帶了寢具、電毯，甚至還有一個電鍋。因為她擔心睡不好，所以要睡自己的全套枕頭、被單和棉被；電毯是因為怕冷，免得不小心感冒；電鍋則是為了加熱自備的燕窩。其實我們也經常可以看到，很多國際巨星到世界各地巡迴演唱，對於下榻飯店都各有不同的要求，例如房間一定要指定裝潢色系、房內要擺放指定的花朵、只喝特定品牌礦泉水……等。

外人看起來，也許覺得這些要求很龜毛，但我認為這是非常敬業的表現，因為，他們全都是為了讓身體與心靈達到最佳狀態，確保做出最完美的演出。演講也是一樣的道理，雖然比不上動輒千、萬人的演唱會，面對的只有數十位到數百位觀眾，但是只要上台，演講者就要對每一位觀眾負責任，最基本的要求，便是保持身心舒暢。

我剛開始演講的時候，發覺一緊張或是吃便當，腸胃就會不適。曾經有一次，我到南部演講，一出高鐵站，主辦單位送來兩個便當；大概是因為天氣太熱，我兒子一打開便當，裡面的配菜已經傳出餿味，還好沒吃，否則後果不堪設想。

上台兩個小時，如果突然鬧肚子，難道可以對觀眾說，「請各位等我五分鐘，我去趟洗手間。」可能會成為你人生最難以忘懷的難堪局面。另外，如果吃得太飽，血糖會集中在胃部，想要打呵欠、沒精神；保持一點點飢餓感，反而能精神奕奕。

因此演講之前，要嘛不吃東西，要嘛吃最簡單、最安全、平常最習慣的食物。像我只敢吃白飯配肉鬆，或是最簡單的小麵包，咖啡只喝黑咖啡，奶球也不敢加。連我太太煮的菜，外面餐廳的便當，甚至是水果，我都敬謝不敏。

你不要看這個是小事，出事的話就大條了。對我而言，一年演講上百場，可能是家常便飯；但是對於某些觀眾，可能一輩子才聽我演講一次，我可無法容許其中一場出這種錯。

最後，上台之前，可能會碰到跟家人吵架，或是鞋子被大雨淋濕這類讓人不高興的狀況。這時候要盡量讓心情沉澱下來，不能讓花錢買票的觀眾，進來看你的臭臉。只要站到台上，就要全神貫注投入演講裡，這是對自己負責，更是對觀眾負責的表現。

2-3

別把聽講者當蘿蔔！

小時候經常聽到一個笑話。學生上台演講時，第一句通常都是「校長好，各位老師、各位同學好。」緊張的時候，就會變成「各位校長好……」

找到讓自己安心的訣竅，克服緊張

上台以後要克服的第一個問題是什麼？「緊張」鐵定排名第一。每個人上台演講肯定會緊張，除非你根本不在乎這場演講。如果不小心因為緊張而說錯話，台下難免有笑聲，此刻更要保持淡定；愈在意自己的情緒，演講的步調就會愈亂。緊張的時候，只要連續做幾個深呼吸就好，可以讓情緒慢慢平穩下來。

經過幾次經驗，可以慢慢找到讓自己安心的訣竅，或者是「癖好」。聽說有個演講者，習慣把講稿拿在手上，過程中也不一定會看，但是如果他不拿著講稿，整場演講就會亂七八糟了。曾經有一名資優生，大學聯考失利，跌破親朋好友眼鏡；原來，他考試緊張的時候，習慣用手搓衣服的鈕扣，結果考試當天他穿了沒有鈕扣的衣服，導致表現失常。

我沒有什麼怪異的習慣，但是跟我合作過的主辦單位都很清楚，演講過程中，我一定要自己操作簡報投影片的遙控器；因為擔心現場準備的遙控器臨時故障，我還會自己準備一個。自己控制投影片的好處是，能夠心無罣礙掌控現場節奏，讓整個過程有如行雲流水般。

例如我通常會多準備幾張投影片，發現觀眾比較喜歡聽某一方面的話題，可以加重分量；觀眾沒反應的話題，則可以一語帶過，把投影片直接跳過去，畢竟觀眾也不知道原本你哪一張要講多、哪一張要講少。如果靠別人操控，我講到一半還要說「下一張」、「回到上一張」、「不對！不是這一張，按太快了」，導致演講失去連貫性，我不喜歡這種卡卡的感覺，會影響到我的思緒，進而影響到現場氣氛。原本可以達到九十五分的演講，只剩下九十分，甚至更低，這是我不願意見到的。

與觀眾保持互動，掌控現場情緒

在台上講話，很多人都說，「把底下的觀眾當成蘿蔔就好了。」對於新手，這麼做，也許能夠消除緊張情緒；但是一個成熟的演講者，絕對不會視觀眾為無物，自己在台上講得很開心，口沫橫飛，卻任憑台下觀眾在紙上塗鴉、玩手機、趴在桌上流口水。

演講是跟觀眾面對面的互動關係，可以馬上看到台下的反應。如果發現觀眾反應不好，經驗不足的演講者，會感覺到被潑了一盆冷水，因而拖垮到後面的表演，這也是許多人懼怕演講的原因。

正確的方式是，慢慢練習，漸漸建立站在台上的自信心。剛開始如果害怕眼神接觸，可以先練習看著觀眾席最後一排；膽子變大以後，再往前幾排看。以我而言，我不單單只看同一個方向，而是喜歡環視著現場觀眾，從左到右慢慢地把眼光掃過去，再從右到左掃回來，去感受大家眼中散發出來的光彩，還有笑開懷的表情。

當全場發出一陣爆笑，則要留下大約十秒的空檔，等笑聲宣洩完畢，再進行下一個話題，讓大家有消化的餘地。保持跟觀眾的互動，可以掌控現場的情緒，讓氣氛維持在相對高檔。

「演」加「講」引導觀眾融入演講

演講可以說是「演」加「講」，而且演的成分占了超過一半，我一定盡量站在比觀眾高的地方，讓後面的人都看得到。觀眾坐著不能動，只能兩隻眼睛、一雙耳朵接收訊息，必須吸引他們的視覺與聽覺，導入你希望營造的情境。

首先，要注意「表情」，同樣的內容，用不同的說話態度，會造成截然不同的觀感。例如講到青年失業、燒炭自殺等不幸事件，必須保持嚴肅的表情。當你講完笑話，觀眾大笑的時候，則要保持微笑，呈現出與大家同樂的臉孔。講到一些俏皮話，甚至可以嘟個小嘴，做個鬼臉。

再來是「肢體動作」，例如有個笑話，提到「獵人把槍扛在背上」，可以加入手勢來表演。模仿政治人物或是名人講話時，也可以揣摩他們的講話語氣和經典動作，讓演講更有可聽性。

遇到突發狀況很討厭，用機智與幽默來化解

「天有不測風雲，人有旦夕禍福」，即使是單純的演講，也可能會遇到意料之外的突發狀況，隨時都要有心理準備，不幸遇到，則用機智與幽默去化解。

一、鬧場

首先會遇到的意外狀況是來自觀眾。我第一次遇到觀眾踢館是在一九八九年（民國

七十八年），我在台北市公企中心演講，當時的總統是李登輝先生，有個美國漫畫家把他畫成戽斗的漫畫人物「李表哥」。我在演講時提到李前總統時，直接稱呼「李表哥」，當場有觀眾舉手說：「賴老師，你不應該用李表哥來稱呼李總統，不尊敬我們的國家元首。」

我立刻回應：「李表哥這個角色是李登輝總統親自授權，我這麼稱呼，不但沒有不尊敬，反而彰顯他親民愛民的一面。」換來全場一片的掌聲。

另外一種狀況則是在ＱＡ時間，觀眾發問時根本不是在問問題，而是長篇大論發表自己的看法。例如問到歐債，他已經先把希臘、義大利、西班牙的狀況統統講了一大遍，最後給我選擇題，要我選其中一項來回答。其實，他只是想展現他的知識，得到我的認可而已。

「聞道有先後，術業有專攻」，對方若是專家，看法也很正確，當然沒有問題。麻煩的是，如果對方的看法錯誤，我也千萬不能給他漏氣，如果對他說，「您錯了，我完全不同意。」雙方都沒有台階下。

他會站起來發言，代表希望得到認同，所以我會先讚美對方，「您比分析師更專業，非常佩服您的看法」，再表達我的意見，例如，「不過，也可以往另外一個方向思考……」

二、設備故障

再來，機器也很可能不聽話。長久以來我已經習慣用投影片放映演講大綱，偏偏有一次，現場的投影設備故障了。幸好我隨身攜帶印有投影片的紙本講義，上場之前，先閱讀紙本，再閉上眼睛背誦一次，讓投影片內容像放電影一樣，一幕一幕投射在腦海裡。當時因為經驗已經很豐富，對我而言其實不是難事。

但對於經驗較不足的新手，甚至可以把演講大綱或講稿帶上台，與其忘詞，還不如找時間偷瞄一下。或是講到某個數字，又不確定是否精確的時候，甚至可以一邊看資料，一邊直接跟觀眾報告，「這個數字非常重要，不能講錯！」本來這只是為了掩飾你當時的兵荒馬亂，但觀眾卻會覺得你真的很慎重。

另外一次，我還遇到現場突然停電，因為不知道會停多久，觀眾也出現騷動。此時要維持鎮定的語調，繼續講話，讓觀眾保持安靜；也因為麥克風沒聲音，必須提高音量，讓全場聽得到我的聲音。

不過這時候就不用講正題了，我開了個玩笑說，「怎麼電力公司這麼不捧我的場？」接著再丟出一、兩個笑話，幸好過了五分鐘左右，電力就恢復了。其他意外狀況還有麥克風電線被扯斷、麥克風時好時壞，這類突發狀況，都要在心裡事先模擬並做好準備，可別在台上驚慌失措，落得貽笑大方。

腦筋要思考，要觀察台下的觀眾，要注意自己的表情和動作，還要隨時注意現場有沒有突發狀況，演講可說是「一心多用」，需要長時間的經驗累積。就像開車，顧得了加油，顧不了離合器；顧得了離合器，又忘了踩煞車；但是經常開車上路，就能體會人車合一的自在感。千萬不要因為一開始的挫折而氣餒，只要經過練習，絕對能找到最適合自己的「演」、「講」方式。

這樣做，讓觀眾的眼神離不開你

成功的演講，要如何安排內容，才能贏得聽眾的注意？我認為演講就像是一場表演，只要能把核心觀念傳達給觀眾，甚至觀眾只記住其中一、兩句受用的話，就很了不起。美國前總統約翰・甘迺迪（John F. Kennedy）有一句經典名言，「不要問國家能為你做什麼，先問問自己能為國家做些什麼」（註），這句話跨越了地域與時空，直到幾十年後都還不斷被人們提起。

一九九二年柯林頓（Bill Clinton）競選總統，對手是民調支持率非常高的老布希總統（George Bush），原本柯林頓因為各種醜聞被窮追猛打。後來他的策士卡維爾（James Carville）推出一句口號「笨蛋！問題在經濟！」緊咬當時核心的經濟問題來攻擊老布希，最後成功把柯林頓送進白宮。這句口號也因為簡潔有力，類似的句型迅速被全世界引用。

另外一句選舉時常聽到的「牛肉在哪裡」，原本是一九八四年美國溫蒂漢堡的電視廣告詞，諷刺麥當勞漢堡牛肉分量比他們少，不久後則被政治人物用來攻擊對手政見貧乏；直到現在，這句口號也被廣泛使用在政治選戰當中。

我聽過有些專業人士的演講，內容非常充實，可是太過艱深，跟觀眾沒有共同的語言，反而沒有辦法激起共鳴。現在也有一些演講，為了吸引觀眾的注意力，還會搭配很炫目的燈光效果，把簡報設計得很華麗，或是穿插一小段有趣的影片，用活潑的表達方式去呈現嚴肅的主題，為的就是帶動現場氣氛。

註：這段話出自一九六一年一月二十日甘迺迪就職演說的內容，當時為美國與蘇聯的冷戰高峰時期。

我的演講題目幾乎都是經濟、投資、理財這種生硬的題目，裡面有很多專有名詞、理論和數字，都是沒有感情的東西，如果不用故事和笑話去詮釋，一般人真的聽不下去。演講有點像是一首歌，透過音符的跳動和歌手的詮釋，使歌詞更加深入人心，感受到高興或悲傷的情緒。演講者也要有辦法鼓舞現場觀眾的信心，讓滿懷期待的他們，持續處於亢奮的狀態。

十到十五分鐘穿插一個笑話

我參加過某個教育單位主辦的一系列演講，第一場活動是在台南某家國際飯店，我被安排第一個上台；演講廳大約有三百五十個座位，實際到場的觀眾有四百多人，後面都站得滿滿的，結果我講完後不久，下一位講者還沒上台前，在這個空檔，觀眾已經先散去三分之一。第二場之後的活動，主辦單位就把我的上台順序排在最後一位當壓軸了。

還有一次受邀到某家銀行的內部員工訓練，負責講述一堂課程；員工訓練為期兩天，從早到晚都有課，而我被排到第二天的下午四點到六點。原本已經被折磨得昏昏欲睡的員工，在我演講這兩小時以內都醒來了，主持人笑說：「還好，最後一場是憲哥，不然的話全部都睡著了。」

其實，人的耐性很有限，舒舒服服坐在台下，很容易產生疲倦感；據說觀眾集中注意力的時間，不會超過十五分鐘，所以十五分鐘之內一定要有所變化，如果一成不變，很容易變成搖籃曲，引誘觀眾進入甜蜜的夢鄉；這也是為什麼電視節目通常會把一個小時切成四個段落，每十二分鐘會插入三分鐘廣告的原因。

演講的長度最好能控制在一個半小時到兩小時以內。而一場六十分鐘的演講，我至少會拋出六個笑話，一百二十分鐘則有十二個笑話，也就是大約每隔十分鐘當作一個段落，讓觀眾開懷大笑，保持耐心把演講聽完；我可以很有自信地說，聽我的演講絕對不會睡著。

笑話就像一道菜裡面必須加入調味品，功能是畫龍點睛，提升菜的原味。但笑話要用得適得其所，必須避開兩個禁忌。

第一，炒一盤菜不要加入過量的胡椒、辣椒；如果一場六十分鐘的演講，有四十分鐘都在講笑話，主題就會失焦，讓人感到演講內容太貧乏。正確的做法是，除了掌握每十分鐘講一個笑話的原則，只要發現觀眾有人開始打呵欠，有一點點不耐煩，可以先適時拋出笑話，拉回觀眾的注意力，發現現場氣氛逐漸活絡後，再慢慢引導回原本的主題。

第二，不要加入錯誤的調味料，就像麻油雞加糖。所有笑話與故事，一定要與演講主題有連結性；我的演講所講的笑話都是千錘百鍊，不是隨便加進去，不要為了講笑話而硬塞進去，或是用錯地方，讓人食不下嚥。

像是有一個到法國深造的台灣留學生，發現法國人非常浪漫，他看到一個法國男人，含情脈脈看著一個女孩子的眼睛說：「我猜妳爸爸是一個小偷。」女孩回答：「哪有？我爸爸是一個警察！」「如果妳爸爸不是小偷，怎麼會把天上的星星偷下來，放到妳的眼睛裡？」於是法國男人得到了一個香吻。

留學生心想，這招真棒！一定要學起來帶回台灣。回來後，他約了女朋友見面，含情脈脈看著她的腿說：「我猜妳媽媽是一個農夫。」女朋友回答：「哪有？我媽媽是一個商人！」「如果妳媽媽不是農夫，怎麼會把蘿蔔種在妳的腿上？」可想而知，他得到的是一個巴掌。

笑話之所以逗趣，是因為「出奇不意」，可以用講故事的方式穿插進去，直到出乎意料的笑點出現，就能順利博得滿場笑聲。千萬不要先提醒觀眾，「我現在要說一個笑話。」假設說出來是一個冷笑話，場面會瞬間冷卻。

開場白就像開胃菜，誘導客人留下來

安排演講就像辦一場成功的宴會，如果總共準備了十二道菜，端出的第一道開胃菜不可口，有的客人等不到第二道菜、第三道菜，就想要離席了。開胃菜的意思是讓客人胃口大開，要觸動舌尖的味蕾，所以會盡量從色香味去著手；它雖然只是一盤小菜，卻扮演著引人入勝的重要角色，引導繼續吃下去的欲望。

所以，演講的開場白就像開胃菜，是決定這場演講能否成功的重要關鍵。每場演講之前，我會去思索要用哪句話去做開場白，可能是一句格言或台灣俚語、俏皮話，或是連結當天時事的評語，去吸引大家的注意力，誘發觀眾繼續聽下去的意願。

根據我的經驗，最簡單的方法是在前三分鐘，丟出笑話或是有趣的故事，很容易讓觀眾席出現第一次笑聲，把現場帶進熱絡的氣氛。美國前總統雷根的演講撰稿人佩姬・諾娜（Peggy Noonan）在她的著作裡提到，「雷根總統在演講前也會緊張，因為他們重視自己所做的事，也力求完美，演講一開始總是先講一則幽默的笑話，他需要立刻贏得一陣笑聲，有助於他鬆弛緊張的情緒，也讓觀眾放鬆心情。」

我也常用最近發生的時事當開場白。例如有一陣子燒炭自殺新聞頻傳，很多人輕生的原因都是經濟拮据；二〇一二年五月新北市率先實施「木炭採非開放式陳列」，顧客要買木炭，不能自己到架上拿，必須向櫃台購買，櫃台人員甚至要詢問購買用途。我會先對觀眾說，「以前我們的父母、阿公阿嬤買木炭不需要這麼麻煩啊！最近發生了這麼多不好的事情，也告訴我們，貧賤夫妻百事哀，我們要盡早學投資，做好理財規畫。」從這個角度拉回來，馬上導入投資理財的議題，激起現場共鳴。

失敗的開場白又是什麼樣子呢？很多官方場合、頒獎典禮或結婚喜慶都看得到，例如一上台就把所有敬愛的來賓介紹一遍，再講一些冠冕堂皇的客套話，十分鐘過去，現場一片死寂，觀眾不是在打哈欠，就是想起身去上廁所了。

對於演講的生手，也要避免觸犯一個大忌，可能匆匆忙忙沒有準備好，或是缺乏經驗而過度謙虛，一上台就說，「對不起，在下才疏學淺，請大家多多包涵。」如果真的沒有自信，不應該來演講，浪費台下觀眾的時間，這些客套的話應該盡量避免；即使是生手，演講內容也一定要充滿自信才行。

迎合觀眾口味，適時隨機應變

成功的演講要高潮迭起，就像出菜一樣。不管是五星級大飯店，或是流水席辦外燴的總鋪師，每一道菜色的安排上，都有它的邏輯在裡面。可能第一道是開胃冷盤，第二道是熱炒，第三道是油炸類，第四道是羹湯……，絕對不會連續來兩道冷盤，或是連上三盅湯。要讓客人在品嘗的過程裡，感受到不同口感與酸甜苦辣的變化，隨時都有驚喜感，最後讓人意猶未盡，想要再吃一次。

演講者必須保持彈性，適時引導現場觀眾的情緒；當觀眾對某個話題興趣缺缺，必須趕快岔開話題。例如講到跟政治有關的話題，觀眾出現不屑的態度，整場演講最好都能避免碰到政治。我曾經參加某大集團的內部演講，準備的主題是「三十歲之前賺到人生第一桶金」，原本以為觀眾以年輕人居多，沒想到大部分都是非富即貴的階層。當我把寫有主題的第一張投影片放出來，台下果然一片冷漠，對他們而言，不要說第一桶金，連一百桶金都賺到了。我立刻轉換角度說：「這個話題是針對一些剛出社會的年輕人，在座的貴賓，您的孩子、孫子，都應該有這種觀念，用這樣的方式來教育他們。再怎麼富，不能富小孩，一定要讓晚輩從小吃苦耐勞；天將降大任於斯人也，必先苦其心志，勞其筋骨，餓其體膚，空乏其身……」，成功地拉回觀眾的注意力。

每一場演講結束，我都會做一次檢討；只要我對自己的表現感到不滿意，回程路上我會仔細回想，哪一段講不好，或是可以增加哪個段落。例如發覺同樣一個笑話，在北部的笑聲比較大，在南部完全沒有回應，可以知道這個笑話不適合南部觀眾，以後就要拿掉。同樣一句台灣俚語，北部人聽不懂，南部人聽得哈哈大笑，這就是風土民情不同的結果。

實事求是，不懂不要裝懂

聽過一百場以上演講，可以發現每個演講者都有他的特色，優秀的演講者會「隱惡揚善」，盡量顯露優點，隱藏缺點，這就是所謂的「知之為知之，不知為不知，是知也」，否則就變成「是豬也」。我在網路上看到一段故事，一個男大學生看到女朋友的筆記本上，頻頻出現一個男人的名字，很生氣地問，「誰是李隆基？你們怎麼認識的？」他的女朋友是歷史系學生，而李隆基正是唐玄宗的名字。

沒有人是萬事通，不是真正了解的話題，乾脆不要講，以免讓觀眾接收到錯誤的資訊；甚至台下剛好有真正的專家，鐵定會在ＱＡ時間提出質疑，當面給你難堪，讓你下不了台。

提到專業的話題，例如講到股市投資，會提到跟醫藥、生物、電子相關的產業動態，我一定事先去查證，請教真正的專家。歷史上的事件，年代要查清楚，不要「張飛打岳飛，打得滿天飛」。談到社會時事，人事時地物都要做好功課，不要張冠李戴。講到日本股神是川銀藏的故事，一定會提到日本關東大地震，我會講「關東大地震的發生時間是一九二三年九月一日中午十一點五十八分」，把時間點確確實實講出來，再點出是川銀藏在關東大地震後，如何大發災難財的故事，聽起來就會有如身歷其境的感覺。不管你談天寶年間還是鴉片戰爭，秦始皇還是外星人，攝護腺還是技術線，只要引經據典，都可以談得理直氣壯。

結尾要像餐後甜點，讓人意猶未盡

我的演講除了「起」、「承」、「轉」、「合」，比較特別的是，最後會放一段補充內容，通常是投資心得的分享。這部分是有彈性的，可以從現場觀眾對前面演講內容的反應，來決定我要分享哪一部分經驗。

一場宴席要讓觀眾回味再三，必須要有美味的甜點，畫下美麗的句點。演講的結尾，則要讓觀眾有所收穫，不過別講得太深奧，盡量用淺顯易懂的白話，並且簡短有力，讓觀眾容易吸收。例如，面對學生，用共勉的方式，以名人的勉勵話語當結尾；投資相關的演講，最後當然是分享幾支明牌，不要讓他們有「入寶山空手而回」的感覺。一般傳達理財觀念的演講活動，則可以用有趣的故事來收尾。

當你說出來的話，開始對身邊的人，或是社會上產生影響力的時候，每一句話都要字斟句酌，因為別人會把你的話當真，記在心裡面。幾十分鐘的演講，觀眾的收穫，就是接受到你想傳達的觀念，改變原本的思維。很多大道理，也許觀眾本來就懂了，但是透過成功的演講者，或是名人效應，你可以加深印象。例如同樣一個「趁年輕要開拓視野」的觀念，學校老師或爸爸媽媽常常說，平常根本聽不進去，但如果透過日本趨勢大師大前研一，或是美國前總統柯林頓的口中說出來，可能會讓人立刻烙印在腦海裡。就像歌仔戲迷會聽楊麗花的話，小怪獸會聽女神卡卡的話，道理是一樣的。

2-5

即席發言沒那麼可怕

有一個故事是這樣的。美國艾森豪（Dwight David Eisenhower）將軍受邀參加一場宴會，被安排在最後一位上台談話。前面幾位演講的來賓都說得落落長，輪到艾森豪將軍上台時，他的演說內容是：「任何宴會都要有一個美麗的句點，我就作為今天的句點吧！」然後下台一鞠躬，結果他獲得了現場最熱烈的掌聲。

艾森豪雖然沒有講到原本準備的講稿，不過他講的話，卻是當下觀眾最想聽的，這就是即興演講的精髓。我們在某些晚會、頒獎典禮，或是結婚喜慶等公開場合，常會看到有政治人物或長輩，臨時被司儀叫上台，「現在請某某某上台說幾句話。」以喜宴為例，政治人物可能會天南地北閒扯一番，如果剛好碰上選舉期間，還可順便拉拉票。有些講得很好，當然贏得如雷掌聲；講得不好，觀眾都在嗑瓜子，一直竊竊私語「到底要講多久！我肚子餓了。」若是新人的父母或同學被叫上台，沒有事先準備，又沒有當眾發言的經驗，多半都講得亂七八糟。

這種即興發言很不簡單，因為要在很短的時間內擠出想法，又要用最精簡的語彙去表達。要是真的沒準備又怕出糗，乾脆拒絕上台；實在推辭不了怎麼辦？也只能平常先練習在可能會需要臨時發言的場合，為自己準備「官方說法」來應付。

喜宴場合被叫上台，聊往事、送祝福最好

生活中最常遇到需要臨時發言的場合，大概非喜宴莫屬了。在場的人都是為了見證新人的幸福，所以在喜宴上講話，只要記得「分享快樂、分享愛」。至於要說什麼？我提供以下兩種方式給大家參考。

一、聊往事

如果你是新人的好朋友，可以談談他們的邂逅過程，交往時期發生什麼甜蜜的小故事。若你是長輩、證婚人，則不妨分享新人小時候的趣事，襯托出他們的特色或優點。這都是只有親密的家人好友才知道的「祕辛」，一定能讓全場的人會心一笑。

雖然是講故事，可別故意講新人的糗事，或是大談他們曾經鬧分手又復合的往事；這種應該關起門來聊的八卦，絕對不能拿出來講，不僅讓新人沒面子，所有人聽到也會很尷尬。本來想請你添添喜氣，卻澆了現場一大盆冷水，簡直是太失禮了。

二、送祝福

我出席喜宴場合，有時候也會臨時被叫上台致詞，我最常用的就是台灣傳統的吉祥話，例如「緣分是天注定，自古以來結婚分三個階段，第一階段是父母安排，第二階段是媒人介紹，第三階段是自由戀愛。」用來當作引言，接著再說一些祝福的話，這樣就是一種最安全的講法。如果跟新人不太熟，偏偏又因為玩遊戲被抽籤叫上台，也可以直接講兩句「希望你們永浴愛河、白頭偕老」這種客套話，還是很應景的，而且還有小禮物可以拿。

雖然現在的社會風氣已經開放很多，但是大家都喜歡好兆頭，不吉利的話一定要避免。我曾經看過有人自以為幽默，上台後劈頭就說，「現在離婚率很高……」，儘管他又繞回來說希望新人百年好合，但已經失言在先，實在很不得體。

在會議中開口，就是你的表現機會

像是員工訓練、座談會等各種公司內部會議，每一個人都要設想，自己可能會隨時被點名，所以事前準備相當重要。不要傻傻認為躲在最後面，長官一定不會點到我，有些長官就喜歡故意點躲在最後的。

即席發言，等於是個人表現機會，可以讓大家對你刮目相看，但是想要講得好，除了要仔細聆聽開會內容，還要加入一些插花的調味料，以下三個層次是最簡單的。

- **開場白：**引用一句格言或是簡短的故事。要把你的觀點植入別人的腦筋，甚至改變別人的看法，讓人對你的印象深刻，「講故事」是最快速的方法，它會幫你無形中散布出去，當別人想到這個故事，就會想起你這個人。
- **內容：**簡明扼要地說出你剛剛整理的重點，或是綜合大家的看法。
- **結尾：**發表自己的獨特意見。

在發表觀點的時候，很多人習慣用條列的方式，因為簡單清楚，不會喋喋不休講不停，別人容易聽進去。但我也看過有人說，「這件事情有三個重點。第一……」，結果第一個重點講得很長，接下來卻說，「第二點我忘了……」，往往變成一個笑柄。應該事先在筆記本上寫好，發表時再偷瞄一下，避免出糗。

發言別像裹腳布，又臭又長

即席發言不要像老太婆的裹腳布又臭又長，時間最好「不超過三分鐘」。如果在喜宴上講太久，會讓氣氛冷掉，很少會有掌聲；就算主持人說：「請大家鼓鼓掌。」只會換來心不甘情不願的掌聲。會議則頂多一、兩個小時，不需要占用太多時間，如果想要在這個時間急於表現，想要凸顯自己，可能容易因為鋒頭太健，讓老鳥造成壓力，為你樹立敵人，反而得不償失。

特別是參加檢討會議時，如果你有功勞，長官可能會請你發表感想；此時最好能把自己所屬的單位一起拉進來。最好的例子就是二〇一二年造成美國籃壇轟動的ＮＢＡ球員林書豪，每次贏了比賽，接受媒體訪問時，他除了感謝上天，再來一定歸功給團隊合作。

我們可以多觀察公眾人物在各種場合的表現，成功的即席發言往往是累積了足夠的經驗，有備而來，相當了解活動的目的；或是加入小小的幽默，讓人如沐春風。失敗的發言則是離題太遠，甚至打壞氣氛，令人想翻白眼。一般人如果平常經驗不多，不妨參加任何公開活動前都先做做功課，就能有備無患。

每次發言只抓三分鐘

我以前很不願意上電視，因為覺得自己長得不好看，不過現在只要一天沒有到電視台錄影，反倒很不習慣。第一次有電視台找我，是因為我擔任投顧公司總經理，受邀透過電話連線，在解盤節目上解析台股盤勢，因此「只聞其聲，不見其人」。直到二〇〇九年受到某個財經談話節目的青睞，才正式出現在螢光幕上，從此成為節目固定來賓，也為我開啟走向幕前的大門。

電視節目和演講是完全不一樣的舞台。演講時，所有人的注意力都在我身上，站在台上可以立即看到觀眾的反應，幫助我改進缺點；電視節目錄影則是面對著鏡頭講話，看不到觀眾，好像在自說自話的感覺。

觀眾的喜好很明顯，遙控器在他們手上，看不慣就轉台；剛開始上節目，我也擔心觀眾不想看我，於是不斷思索怎樣讓觀眾喜歡我的表現。我問我兒子，「以一個觀眾的立場，什麼樣的節目來賓會讓你印象深刻？」他給了很棒的答案，「一個節目看過第二天，如果我還記得裡面哪一個來賓講過的一句話，他就是一個成功的來賓。」

我恍然大悟，連續幾天打開電視，認真看完一到兩小時的節目，有幾個來賓滔滔不絕講了很多，到了第二、第三天，我還真的記不起來他們講了什麼。因為講話沒有重點，沒有值得學習的地方，沒有辨識度，所以無法留在別人的腦海裡。

只講重點不搶鋒頭

我上很多的節目，遇到很有名的主持人，了解到一個有可看性的節目，除了找到觀眾喜歡的話題，也會適當安排來賓的發言內容，讓他們充分發揮所長。主持人在掌控節目節奏的時候，也會將時間盡量平均分配給每一位來賓；雖然少數一、兩人的分量會比較重，但也不至於讓某個來賓被冷落。

有時候也會遇到一種狀況，輪到某些來賓發言時，講得落落長，錄影結束會抱怨，「節目太短了，我想講的還沒有講完。」等到播出的時候又發現，「我明明講得很多啊！怎麼播出來只剩幾句！」其實是他自己講了太多不需要的話，或是離題太遠，主持人在錄影過程中已經舉手示意，或是直說「好……ＯＫ……」，或一直說「是的，是的。」明示暗示「可以停了」，仍然有來賓欲罷不能繼續講下去，最後還是被製作單位剪掉。

有些人認為自己口才好，想一股腦地表達出來，沒有考慮到這類型的談話性節目，需要主持人與來賓一來一往的發言，效果才會生動。每個來賓都有不同看法，意見互相碰撞才會有衝突、火花和亮點；又不是「一言堂」，也不是專訪，可以讓你自己從頭講到尾講個五十分鐘。

電視節目畢竟是分秒必爭的工作，緊抱麥克風不放，講了一堆沒意義的話，導致錄影時間拉長，也浪費了主持人、來賓、所有工作人員的時間。像這樣的來賓，不符合製作單位需求，往往也因此無法成為節目的常客，甚至有些一次就「謝謝再聯絡」。

我簡單計算過，一小時的節目，扣掉十二分鐘的廣告，播出時間只有四十八分鐘。主持人加上四個來賓，每個人平均能講九分鐘；節目一共分成四段，如果每個人都要講話，每段每人的播出時間一定低於三分鐘。

所以，當主持人把發言權丟給我，我不會把所有想法一次掏出來，而是規定自己在三分鐘以內，簡單扼要地凸顯我想說的重點。除非主持人繼續追問，或再丟另一個話題給我，我才會再補充。

生活化語言是最佳包裝

這麼短的時間裡，要讓觀眾記得重點，首先要博得觀眾緣。當然不能像老師在訓示學生一樣，諄諄告誡，誰會喜歡聽？應該採取跟朋友閒聊的態度，跟看不見的觀眾建立交流，也不能只單方面講你個人的論點，而是考慮到講觀眾最關心什麼內容、喜歡聽什麼樣的講法。

近一、兩年來我常上的談話性財經節目，觀眾群主要是股市散戶，我的發言也盡量守住「深入淺出」為原則，並且利用我擅長的台灣俚語、《菜根譚》或唐詩宋詞，來包裝我想講的訊息；但是畢竟不是古人在吟詩作對，我引經據典的比率不會太高，頂多只用兩、三句當開頭，例如：

「欲上青天攬明月，可惜上面壓力太大上不去」，用來詮釋當天大盤動能不足，衝不破壓力線。

「宰相有權可割地，孤臣無力可回天。」描述當天大盤開高走低的遺憾。

「台灣人不只錢淹腳目，淹過肚臍甚至蓋過眉毛，台灣人走路都有風。」帶觀眾回憶一九九〇年代台灣經濟奇蹟的盛況。

講到比較複雜的專有名詞或經濟理論時，我也會想辦法利用淺顯易懂的故事去包裝。例如，很多人在研究股票時會疑惑，到底要看基本面還是技術面？此時我會先用一句順口溜說，「基本分析不如技術分析，技術分析不如股票消息，股票消息不如內線交易，內線交易不如政府干預。所以天大地大，政治面最大。」，把這些方法做一個有效的排列。

但是，還是沒辦法完全詮釋基本面和技術面的關係，我會再進一步講解。

「基本面就像內功，技術面就像外功。我們看到令狐沖遇到了他的師公，傳授獨孤九劍，可以在短短三個時辰內學好，短時間內就可以見到爆發力。從小紮穩馬步，花十年、二十年去修練內功，必須花很長的時間才能達到足夠的火候，這就是基本面的工夫。但是到底誰厲害？還是很難講。」用這樣的比喻，可以幫助觀眾更迅速了解。

另外，我也常常在講，「股票有三毒，一貪、二怕、三後悔。」同時用台灣俚語「船頭怕水，船尾怕鬼」、「擲驚死，放驚飛」（註）來詮釋它。而談到「怕」的時候，我會分享一個小故事。有個老婆婆到日本迪士尼樂園玩太空山雲霄飛車，坐在列車前面的年輕旅客都拚命尖叫，只有老婆婆一直喊：「衝呀！擱衝呀！衝呀！擱衝呀（台語）！」後來年輕旅客紛紛問她：「妳怎麼都不害怕？」老婆婆回答：「我當然怕，所以我才一直叫我老公的名字啊！我老公坐在前面，他的名字叫『國昌』，所以我才一直叫昌呀！國昌呀！」

講到中央銀行在調降利率，實施資金寬鬆政策，是為了讓市場出現「貨幣乘數效果」，很多人都不懂這是什麼意思，簡單說，貨幣乘數效果就是當市場增加資金供給，會促進貨幣流通。此時我會用這個網路上的小故事來解釋。

「一個炎熱的小鎮，太陽高掛，街道無人，時機歹歹，每個人都債台高築，靠信用度日。這天，從外地來了一位有錢的旅客，正開車通過鎮上。他在一家汽車旅館前停車，進去後，拿出一張一千元鈔票放在櫃台，說他想先看看樓上的房間，挑一間合適的過夜。

旅客上樓的時候，店主抓了這張一千元鈔票，跑到隔壁屠夫那裡付了他欠的錢。屠夫有了一千元，橫過馬路付清了欠豬農的錢。豬農拿了一千元，奔向飼料和燃料供應商，也付清了他欠的錢。那個飼料和燃料供應商，拿到一千元，趕忙去付清召妓的錢（經濟不景氣的時候，當地的服務業也不得不提供信用服務）。

有了一千元，這名妓女衝到旅館付了她所欠的房間錢。旅館店主把這一千元放到櫃台上，以免旅客下樓時起疑。此時這位旅客下樓來，拿起一千元鈔票，聲稱客房沒一間滿意的，他把錢收回，塞進口袋，走了。

這一天，表面看起來，沒有人生產了什麼東西，也沒有人得到任何東西。但是全鎮的債務都還清了，而且以更樂觀的態度面對未來。」

註：「船頭怕水，船尾怕鬼」，指站在船頭擔心被水濺到，待在船尾怕被鬼魂抓走，意思是疑心病重，戰戰兢兢。「擲驚死，放驚飛」，指抓到鳥的時候，握得太鬆怕牠飛走，握太緊又怕把牠捏死，意思是不知所措。

各位女士先生們，錢就是要這樣流通的！

如果硬是要展現學問，夾雜一堆英文和艱澀的名詞，又不加以解釋，觀眾聽了一定睡著。語言是一種工具，講話一定要說人話，用別人聽得進去的方式，去理解你的看法，才能達到溝通的目的。如果無法與別人產生連結，只是自說自話，永遠都無法跟別人產生交流與共鳴。

2-7

想調書袋要有真本事

有家投信公司邀請我參加一系列投資主題演講，北、中、南各三場。主辦單位的聯絡人收到我的簡報大綱，好奇問我，「三場演講的簡報大綱都用同一份，你講的內容都一樣嗎？」我請他直接來聽。台北是第一場，四十分鐘的演講，觀眾笑聲不斷。第二場在台中，我看到他果然又來了。聽完以後，他很滿意地說，「今天竟然又有不同的笑話！」

我最近經常接到這類一系列的演講，同樣的主題辦了六場、八場。如果每一場觀眾都不一樣，對我來說最簡單；就像國慶閱兵，樂儀隊動作其實是一直重複，在前進的過程中，觀眾已經改變了，所以每個人都可以看到新的動作。

因此，即使我的演講主軸多半不會改變，但仍會按照北中南不同的民情或觀眾屬性，斟酌使用不同的笑話和故事，所以聽我演講，絕不會聽到「一個模子刻出來」的內容。也因為我利用豐富的笑話、俚語、故事來穿針引線，常有第一次跟我合作的主辦單位說，「想不到這種投資理財的演講，能夠講得這麼生動。」

經歷雙腳發軟的首次登台經驗，我知道必須持續補強學識不足的地方，並且想辦法吸引觀眾的注意力。後來我開始加入自己平常朗朗上口的台灣俚語，增加大家的記憶。

例如「紅龜粿包鹹菜」，紅龜粿是台灣習俗裡用來祭拜的食品，內餡應該包肉或紅豆，鹹菜對古早人家而言則是不值錢的東西；這句話是指表面上看起來很棒，實際上卻一文不值。我會用這句俚語來比喻上市櫃公司的不實財報，看起來數字亮麗，進一步去分析內容，才知道只是虛有其表。

講到這些俚語，我發現上了年紀的觀眾，眼中散發出光芒；後來我開始加入國內外的笑話，甚至是唐詩宋詞，觀眾的熱烈反應，也成為我不斷蒐集新素材的動力，現在就來談談我是怎麼運用這些素材的。

講笑話愈短愈好，自己不要先笑

笑話愈短愈好笑，因為長度太長，笑點不容易出現。如果笑話有點長度，在講的過程中，要克制自己不能先笑；平常可以在家裡多練習，至少十到二十次，練到自己覺得不好笑為止。

我有時候講到做人要謙卑，會舉一個例子。一個八十歲的歐吉桑，到醫院做健康檢查，檢查報告一切正常，醫生稱讚他，「你身體很好，不輸給五十歲的人耶！」歐吉桑很得意地說他新婚的妻子多好又多好。「她才二十五歲！我們結婚四個月，你知道她對我有多忠貞？黏我黏到我都感到厭煩了！」歐吉桑又神神祕祕地說：「告訴你，她最近還懷孕了！」

醫師不發一語，歐吉桑很得意，「怎樣？不錯吧？」醫師看了他一眼，「這讓我想到一位失散多年的朋友，他曾經跟我說過一個在非洲狩獵時遇上的故事。當時，他在草原上，遇到一頭獅子。他立刻從背上抓下槍來瞄準。他立刻發現他錯了，他拿到的是雨傘，不是槍。這時已經太遲，獅子站在他面前就要撲過來。他沒辦法，只好把雨傘扛上肩，使盡吃奶的力量，大叫『砰！砰！砰！』三聲。奇蹟發生了，那獅子竟然倒下來，死掉了。」「狗屎！這怎麼可能？」歐吉桑大叫，「那一定是別人幹的！」醫師說，「我也這麼覺得。」

這類比較長的笑話，人、事、時、地、物每個元素都要說清楚，營造懸疑的氣氛；而且笑點通常會放在最後一句話，聲調必須放低，當現場一片寂靜的時候，聽到笑點就會爆發出哄堂大笑。

引經據典不能只學半套

時事、政治都是容易引人反感的敏感話題，所以我很喜歡講古代的詩詞古文與歷史故事，今天要罵明朝皇帝昏庸，或是談論太監的趣事，都不會傷害到任何人。不過要特別注意，一個很會說故事的人，只引用一句話、只念出一首詩，沒什麼了不起；最好說得出完整典故，搞清楚來龍去脈，把古代的故事說得活靈活現，才能引人入勝，提高可聽性。

比如說「庭前生瑞草，好事不如無」，我們可能常聽到，卻不知道背後的故事是什麼，其實答案可以在《昔時賢文》（註）看到。故事是說有個老伯的兒子到外地做生意，前幾年還有聯絡，後來卻音訊全無。老伯決定出門找兒子，路上看到一戶人家，庭院裡種了非常茂盛的瑞草花，左鄰右舍都爭相來欣賞，他不禁流下眼淚，結果這欉花草竟然枯萎了，庭院主人大怒，把老伯告上官府要他賠錢。

縣太爺問老伯哭泣的原因，他說，「我的兒子失蹤好幾年，名字就叫瑞草，我看到那戶人家的瑞草長得特別好，才會觸景傷情。」縣太爺感到不對勁，想知道為什麼瑞草會長得格外茂盛，於是命人開挖。結果，土壤底下是一口古井，井裡正是老伯兒子的遺體。原來這戶人家的主人以前開理髮店，因為貪圖老伯兒子的盤纏而行凶殺人，再把遺體丟到井裡，卻長出茂盛的花草，原以為是好事，沒想到做的壞事也因此被翻了出來。

把這種典故背起來，前因後果都存檔在腦袋裡；需要用的時候，才有辦法信手捻來。講的人口沫橫飛，聽的人津津有味，現場氣氛會非常好。

我太太常說我是「今之古人」，背誦這些文句，一方面也是我自己的興趣，我很喜歡沉浸在古代的氛圍裡，也幻想過如果身在古代，我可能是一個進士或舉人。就像武俠小說迷也會幻想自己是武功高強的俠士，或是小朋友幻想自己是卡通人物的角色。所以我在閱讀與背誦的時候，一點壓力也沒有。

賣弄學識要用對地方

「路逢劍客須呈劍，不是文人莫獻詩」，任何素材都要用得恰當，不要故意調書袋，講

註：《昔時賢文》又名《增廣賢文》，收錄傳統民間俗語與人生格言，清代佚名作者編纂。

話講到一半就莫名其妙說，「我來吟一首唐詩給你們聽。」別人可能會以為你中邪了。應該要順其自然，例如吃到東坡肉的時候，可以談蘇東坡的故事，用講故事的方式來包裝。

像我在投資演講的場合，會談到對人生意義的看法，我會先引用古代詩人對人生的註解。例如李白為了排解懷才不遇，鼓勵自己「人生得意須盡歡，莫使金樽空對月，天生我材必有用，千金散盡還復來」；蘇東坡一輩子的顛沛流離，則會說「世事一場大夢，人生幾度秋涼。」李後主曾為一國之君，後來淪為階下囚，他的觀感是，「林花謝了春紅，太匆匆。無奈朝來寒雨，晚來風。胭脂淚，相留醉。幾時重，自是人生長恨水長東。」

最後我再提到自己對人生的定義，我認為「人生是來觀光、旅遊、出差、學習。」既然來了這一遭，希望旅程會非常快樂，不斷地自我成長學習，這樣一來，光是「人生」這兩個字，就有非常充分的素材，有層次地引導觀眾進入人生的議題，再導入「追求幸福人生」的結論。

不過，如果台下坐的是老人家，聽不懂唐詩宋詞怎麼辦？有一次我到高雄演講，那天剛好是中元普渡，現場來了很多六、七十歲的長輩，於是我對他們說，「我來念一首史艷文（註）的詩。」接著以史艷文的語調，用台語念了明朝文人楊慎的《臨江仙》，「滾滾長江東逝水，浪花淘盡英雄。是非成敗轉頭空，青山依舊在，幾度夕陽紅……」，改用他們熟悉的氣氛來詮釋我想表達的東西，想當然耳也獲得了熱烈掌聲。

演講者不要被題材拘束，就像武功一樣，可以融合各個門派的武功，打少林寺的拳，加上武當、太極、華山劍法，適當地結合演講主題，就能夠融合成屬於自己的獨特風格。

註：一九七〇年代台灣知名布袋戲《雲州大儒俠》男主角；當年戲劇播出時造成台灣社會轟動，曾締造超過九成的收視率紀錄。

2-8

醒著腦袋就要動

我經常一天要上四、五個節目，製作單位雖然會分配來賓的講話內容，但是在座的都是名嘴，有時候講到同一件事，大家想到的方向都差不多。別人講過的話，我不可能重複；我必須常常思考，從不同的角度找到簡單易懂的哏，來詮釋我的想法，讓電視機前的觀眾加深印象，同時很快進入主題，凸顯我與別人不一樣的見解。

所以，只要醒著，我的腦筋從來沒有休息，搭公車、捷運、高鐵的途中，都一直想東想西；等一下要講什麼笑話？明天的活動要用哪些新哏？或是重複背誦今天要用的內容。

一有想法立刻白紙黑字記下

我隨身會攜帶一本小冊子，臨時想到的點子、突如其來的創意靈感，或是看到新鮮事很有趣，都會寫在本子裡。每晚睡覺之前，也會想一下今天發生的事情，還有明天上節目或演講要講的哏。

即使是寒冷的冬天躺在床上，棉被都已經熱了，突然想到一句話，還是會掀開棉被爬起來寫好。有時候在一些交際場所或電視上，聽到別人講了很有道理的話，還有書中美麗的詞藻與經典格言，我也會記下來。只要學起來，用在合適的場合，用自己的方式去重新包裝，就會變成自己的東西。

人的記憶力畢竟有限，有些想法一閃而逝，在有限的時間裡面，我一定會立刻用白紙黑字記好。我這種記筆記的習慣，已經有二十多年，這樣的小筆記本，我也累積了二、三十本。後來我學會用電腦打字，只要有空的時候，就會輸入到電腦裡，再存進智慧型手機，形成我自己專屬的資料庫。

引用要一字不漏，否則趣味、涵義都打折

我喜歡引用俏皮話、台灣諺語和古文詩詞，漏掉一個字，就沒有辦法完全到位。

知名主持人于美人曾經說，「寧願相信世間有鬼，也不相信四十歲男人那張嘴。」這兩句話，如果少一個字，可能沒辦法完全呈現話中的趣味。

相傳清朝乾隆皇帝曾經拿了扇子，請紀曉嵐題詩，紀曉嵐寫下盛唐詩人王之渙的《塞外》，原詩內容是這樣的：

黃河遠上白雲間
一片孤城萬仞山
羌笛何須怨楊柳
春風不度玉門關

乾隆接下扇子一看，發現少了「間」字，二十八個字剩二十七個字，這下可犯了欺君大罪。不過當時是不用標點符號的，紀曉嵐靈機一動說，「我寫的不是詩，而是詞。」他巧妙地運用斷句，念出他寫的內容：

黃河遠上
白雲一片
孤城萬仞山
羌笛何須怨
楊柳春風不度玉門關

紀曉嵐文思泉湧，躲開了欺君大罪；但是現實生活中，記一首詩，吟一首詞，如果少記一個字，我可不敢念出來。

所以我曾經為了背一首佛詩，「頓悟原從漸悟來，花開全靠太陽曬，曬到火候足夠時，朵朵好花忽然開。」因為有一、兩個字一直記錯，至少念了一百遍，才成功背起來。這首詩的意思是，人要經過苦難折磨，才會慢慢成長，成長過程雖然艱辛，但你只要越過門檻，「忽如一夜春風來，千樹萬樹梨花開」，一夜之間就能頓悟；這首詩也被我用來當作某些投資演講的結語。

持續累積知識，勤能補拙

引用這些經典的詩詞、格言，特別有說服力；因為那是經過千錘百鍊，老祖宗的結晶，經過了千百年的洗練，都是很不得了的智慧。我也常常引用《菜根譚》的內容，「掃地白雲來，才著工夫便起障；鑿池明月入，能空境界自生明。」意思是掃地之時，白雲到訪，擾人心境。人要適時放空自己，就如同建設了一個新池，池水倒影明月自來，世間一切不過是緣起緣滅，放下自我，才能容納更多。

要把這些文句背出來，而且背得順暢，其實不簡單。剛開始可能會張口結舌，導致後面的步驟亂掉，影響到自信心，演講也不順暢。學新的東西，有點像電腦軟體在更新一樣，需要靠長時間不斷累積，沒辦法快速達到理想的效果。因此必須透過持續的練習，把根扎深，才不容易忘，並且信手捻來、源源不絕。

口才很好的人，或是高明的演講者，一定都是勤於學習的人。盡量增加自己的學識，讓視野更寬廣。懂得愈多，有愈多話題可以講；不管遇到什麼領域的人，都能相談甚歡。

我的資質比較駑鈍，學習的時間比較長，今天能受到許多演講單位和電視節目的青睞，也證明了「勤能補拙」。會講話，絕對不是天生的，只要用心觀察學習，經過幾年努力，都有機會成為他人眼中的說話高手。

3

溝通要心機 點亮大錢途

3-1

黃金五分鐘，打破客戶第一道防線

我高中的時候開始半工半讀，晚上喜歡到嘉義的文化夜市裡看叫賣表演，其中最有趣味的就是賣藥。賣藥的郎中，剛開始一定會請兩個歌舞女郎來表演，等觀眾慢慢聚集起來，一直跳到歌舞女郎身上脫到只剩下三點式泳衣（當時民風還很純樸，跳到這種程度算是很了不起了），表演就會暫停，郎中會說，「等一下再繼續。」然後開始賣藥。而那些明明名不見經傳的藥，郎中就是有辦法講得活靈活現，圍觀的觀眾也總是會掏腰包。

賣藥賣了一段時間，當大家都在引頸期待歌舞女郎再度出場的時候，通常結局就是以「時間太晚了，明天請早！」「有警察來了！」作為藉口，舞也不跳了，大家只能眼巴巴看著荷包飽飽的賣藥郎中，和兩位美麗的歌舞女郎收攤走人。

當時大概是一九六七年（民國五十六年）左右，現在中南部的夜市裡其實也看得到，夜市老闆在叫賣商品時，都會舉辦「有獎徵答」，不管答案對錯，只要舉手回答就能拿到禮物。或者是老闆在跟圍觀群眾講解的時候，注意到某個人臉上洋溢著很愉悅的表情，老闆就會特別看著這個人，或是當眾送他小禮物，「這個少年家，來來來，我看你好像很有興趣，這東西先送你。」旁邊的人還會覺得，怎麼不送我只送他，製造了現場觀眾微妙的對立關係；旁邊的人也因為想拿到禮物，情緒也更加投入。

為什麼夜市這麼多攤，偏偏有些攤位人氣很旺，有些卻生意冷清？同樣一件東西，在這一家無人聞問，在別家就能賣得出去？

有句話說，「有人潮就有錢潮」，想賣掉東西，第一件重要的事情，當然就是吸引客人的目光，想辦法聚集人潮。偷抓雞也要一把米，有捨才有得，不管是賣藥郎中找歌舞女郎表演，或是攤販老闆邊叫賣邊送禮，都是一樣的道理，就是抓住人性的弱點。

我退伍之後的第一份工作是到東元電機當業務員，當時東元在家電界還是小廠牌，電器行主要都是賣國際、新力、聲寶等大廠牌的產品，我的職務就是幫公司開拓通路，找電器行當我們的經銷商。

其實我完全不懂電冰箱、冷氣機、洗衣機，因為家裡買不起，相關資訊都要從頭學。剛開始雖然有公司前輩帶著我拜訪幾家老客戶，但是新客戶就得靠我自己開發，等於從零開始。

從以前看到的夜市叫賣手法，突然給我一個靈感，想要找到顧客，第一件事情就是想辦法「拉近距離、建立感情」，而且隨著經驗愈來愈多，我發現，能把握跟客戶拉近距離的時間，只有剛進門後的前五分鐘！這五分鐘是跟客戶見面的第一印象，至少不能讓他討厭你。

察言觀色、投其所好，不怕沒話聊

在這五分鐘裡面，最害怕冷場。我們講「寒暄」，字面上分別指冬季與夏季，意思就是聊天氣的招呼話，人跟人不知道要聊什麼的時候，通常都會簡單的寒暄。但是當你想跟客戶做生意，就不能那麼簡單打發了；初次拜訪時講完「今天太陽好大」，或是「下午可能會下大雨」之後，難道沒有別的話題可聊嗎？我一點也不煩惱這種問題，很簡單，只要記住兩個原則：

一、借題發揮

就像在動作片裡面，很會打架的男主角要殺出重圍之際，隨手抄起身邊的椅子、花瓶、鍋蓋，誇張一點還有撲克牌或西瓜，都能當作攻擊的武器。身為一個業務員，當客戶已經願意接受你的拜訪，除非可以事先打聽到他的喜好，否則一進門，就要立刻眼觀四面、耳聽八方，看現場有沒有什麼東西，值得你馬上用來當作開場白的話題。

我以前在中南部跑業務，店鋪裡最常見的是匾額，看到上面題了什麼字，就能做很好的發揮；匾額上的署名，可能是政治人物，或是青商會、獅子會、扶輪社等商會團體，可以讓你了解他的人脈，從討論相關話題著手，也很容易拉近與對方的距離。另外，如果掛著聖嚴法師的話語，或是聖母像，就能知道他的宗教信仰，就要懂得別觸犯人家的宗教禁忌。

二、讓對方多講話

找到了話題，絕對不要自顧自地講得口沫橫飛、得意忘形，最好能用發問、請教的態度，盡量給對方多開口的機會。談到他擅長的領域，適當時間稱讚他一下，就算你發現自己其實比他懂更多，也不要先表現出來，讓他以為自己是專家。

有句話說「一石激起千層浪」，我們可以再從他的說話過程，觀察他的喜好，進一步找到更多可以延伸的談話內容；例如發現他喜歡看電影、最近曾出國旅行，或是參加運動比賽拿到獎，都是可以讓對方樂於分享的話題。這樣一來，怎麼會擔心場子冷掉？

兩大必勝話題，輕鬆拉攏客戶

根據我的經驗，最簡單又容易拉近距離的話題，有以下兩類：

一、對方重視的事

聊對方重視的事情，很容易讓他敞開心房，願意侃侃而談。假設客戶在客廳裡面擺了一架鋼琴，可以說，「這鋼琴好漂亮！」對方也許會回答，「我女兒最近在學鋼琴。」代表他很重視寶貝女兒，此時可用他女兒的話題來接下去，「您很注重為小孩培養才藝的機會耶！學多久了？」如果旁邊又有比賽的獎盃、獎牌，更可以用來誇讚一番，一定百分之百打到人家心坎裡。

我有次到嘉義民雄初次拜訪某家電器行，老闆是一位義消。一進到店裡，看到裡面掛了一塊大匾額，上面寫著「義行可嘉」四個大字，落款是感謝人某某某的字樣。很明顯，他對於英勇事蹟引以為傲，也喜歡做功德、做善事。我的開場白就是「像你這麼熱心的人真的很少！」讚美他的義行，然後抱著仰慕的眼神請教他救人的事蹟，馬上發現他神采飛揚，臉上洋溢著驕傲、幸福、快樂的神情，娓娓道來，氣氛立刻熱絡起來，欲罷不能；他還請我到鵝肉攤小酌一番，後來更成為好朋友。

我也到過一家公司老闆的辦公室，牆上掛著台灣省「模範母親」匾額，這時可以請問對方，「台灣省模範母親真不簡單，每個縣市只有一位！現在母親有跟您住在一起嗎？」但如果對方已經有點年紀，也許他父母已經不在了，這話題還是要小心，別碰觸到禁忌為妙。就像看到一個中年女生，除非你知道她已經結婚生小孩，否則千萬別在第一次見面就問她，「小孩多大了？」人家可能還待字閨中！

二、對方有興趣或擅長的事

一九七〇年代的時候，有次我拜訪一家聲寶經銷商，老闆剛從歐洲七個國家旅遊回來。在那個年代，能夠出國旅遊是很難得的經驗，也是有錢人的專利，能去歐洲更不得了。對他而言，實在是很值得驕傲的經歷，而且才剛回國，一定迫不及待想和親朋好友分享，這就是最熱騰騰的、他當下最有興趣的話題。

那一次拜訪，光是聊歐洲經，我們就聊了一個多小時。他拍了很多照片，還收集成冊，一張一張解說給我聽，愈說愈高興，最後還留我下來吃晚飯。這次見面雖然沒有談到生意，但我知道已經離成功不遠了；好的開始是成功的一半，打鐵趁熱，再接再厲密集拜訪，不到三個月時間，掛上東元招牌，成功拔樁。如果當初耐不住性子跟他聊，或出現不耐煩的表情，別說談生意，連第二次見面機會都不會有了，傾聽、參與、分享，最容易拉近彼此距離。

公司大老闆，表面上很會賺錢，給一般人的感覺好像很市儈、只在乎錢。其實看他辦公室的擺設，可以注意到他想要呈現的是另外一面的修為。例如辦公室書櫃擺了一排《紅樓夢》，牆上掛了唐朝詩人張繼的《楓橋夜泊》或宋代文豪蘇東坡的《念奴嬌·赤壁懷古》，可以跟他聊這些作品、作者，或是稱讚他的文學涵養。

窗邊擺了聚寶盆或水晶擺飾，則可以跟他聊風水。辦公桌上擺了好幾張全家福，代表他很重視家庭，可能不喜歡應酬，話題就可以從簡單問候他的家庭生活當作開始。很多大老闆喜歡打高爾夫球，辦公室會放球具，這時候就可以聊球具、聊打球技巧，或是他喜歡的其他休閒活動。

有人會問，如果不懂客戶的興趣，該怎麼聊？沒有別的訣竅，就是多學嘛！我剛到東元電機工作時，發現很多店鋪老闆都喜歡泡茶，當這種業務，能自己操控的時間很多，所以有時間我就會坐下來跟老闆好好泡茶聊個天。

不只這樣，為了跟老闆有共通話題，我還跑去買了一本「茶道」的書，吸收製茶的知識。像是早上太陽出來之前，露水還沒完全乾的時候，就要把新鮮茶葉採回來；烘焙過程則是製茶過程中最重要的一環，同樣一批茶葉，烘焙成功可能一斤可賣兩萬元，失敗的話可能一斤只能賣兩百元。

做了很多茶葉的功課，幫我跟電器行老闆打開更多話題，就連現在到電視購物台擔任茶葉商品的來賓，我還能臨時吟出兩句品茶的詩句，「寒夜客來茶當酒」、「啜苦咽甘舌添香」，現場的人都很驚訝，這也是我以前當業務時學來的。人與人之間的話題包羅萬象，如果能懂得愈多，愈不怕沒話可以講。

其他多數人會喜歡的嗜好，還有紅酒、咖啡、高爾夫，甚至是香菸或檳榔，都是業務員要知道的雜學。我當業務員時還有一招，雖然自己不抽菸，但是襯衫口袋裡，隨時放著一包長壽香菸，外加一支名牌的都彭（S.T. Dupont）打火機，這是我的跑業務基本配備。如果遇到抽菸的客戶，就算不陪他一起抽，也可以招待對方，通常人家就會覺得你這人「很周到、很上道」。

不要忽略「老闆娘」的影響力

業務員不要只把焦點放在老闆身上，只在乎老闆對你的印象；我看到很多店家，其實都是老闆娘在做主，或對老闆的決定有關鍵影響力，只要太太開口，「哎呀！不要，這種東西我不知道怎麼賣！」老闆也只能跟你搖搖頭。要收服老闆娘，也有兩個小技巧：

一、讓她知道「我很老實」

有些業務員為了拉攏老闆，可能會投其所好，招待到有「粉味」的場所，這是所有老闆娘最討厭的事情。因此在老闆娘面前，一定不能油腔滑調，或跟老闆聊到輕浮的話題；要讓老闆娘知道你很老實，平常沒有上酒店的嗜好，表現得正直誠懇，通常都能讓老闆娘有不錯的印象。

二、女人一定要誇

南部人很熱情好客，就算是業務員第一次登門拜訪，老闆娘常常會切水果或準備點心，享用的時候，一定要在適當時機誠心讚美，「真甜！您好會挑水果！」「您手藝真好，很少吃到這麼好吃的點心！」老闆娘一開心，水果會一盤一盤切出來，代表他們還不打算送客。

有一次，我鎖定一家電器行，希望他們能同意當經銷商。一開始老闆高高在上，不太搭理我，我轉而跟老闆娘打好關係，常誇她保養好、小孩子教得好、旺夫蔭子，慢慢地，老闆娘對我的態度愈來愈親切。

有時候我也會帶一些小禮物給他們的兩個孩子，老闆娘更漸漸開始幫我替老闆美言幾句。三個月時間過去，他們終於同意先以試賣的方式，讓我在店裡放型錄，就算只賣出一台或兩台，我還是給他們賣出五台才有的優惠價格，讓他們賺到更多利潤。最後這家店，成為我手下十二家經銷商裡面，規模最大的一家專賣店。

首次拜訪絕不談銷售、不多逗留

第一次見面的五分鐘之內，千萬不要直接表露銷售的意圖。雖然客戶也知道你的來意，但是如果一見面就劈頭談生意，對方容易有防衛心態；所以我的做法是，只要前面能跟客戶相談甚歡，打破他的心防，離開之前留下一本型錄即可。我會對客戶說，「非常謝謝您今天撥出時間來，很謝謝您的招待，也讓我學到很多，請您有時間參考我們的型錄，下次有機會再跟您請教。」還有，除非客戶熱情留你，否則我拜訪的時間都不會超過一個小時。

很久以前日本有一個超級保險業務員，當時社會還很保守，普遍認為壽險是過世後才能拿到的錢，客戶也很不容易開發。這個業務員為了接近一位非常有錢的老農夫，每天都早起陪農夫晨跑，足足跑了一年之後，竟談妥這筆業務生涯中金額最高的一張保單。

正式簽約之前，這個保險業務員也不知道會不會有成功的一天，但他同樣掌握了「拉近距離、建立感情」這個關鍵。推銷的進度因人、時、地制宜，很難有個制式化的標準；不過對三十多年前的我來說，公司的主力產品是馬達，我負責的家電是冷門的產品線，要開拓一家經銷商，經常需要三個月、半年以上，才能攻城掠地，很難第一次見面就可以談成。所以，把眼光放遠，客戶關係先打好基礎，再逐漸經營潛在的合作機會，也成為我開拓業績的核心祕訣。

3-2

做人情四步驟，釣到大客戶

要做大生意，如果對方只是「貪小便宜」，一切都好說，只怕他不貪小便宜，在乎的不只是價格，就要花更多功夫去引誘他。我看過證券營業員當中，有一個超級業務員，外表不是特別漂亮，口才也沒有比較好，但業績都是第一名，而且她的超級業績，只靠手中的五、六個超級大戶就夠了。

這幾個大戶為什麼願意跟著她？第一個，這個營業員跟所有「超業」一樣，口風非常緊。看到大戶要買股票，有些營業員會自己跟單，或忍不住告訴親朋好友，跟著上車賺一筆。但她保密功夫到家，絕對不透露A客戶在買什麼、B客戶在買什麼。對於股票大戶來說，當然不希望還沒布局好，就散播到市場上，這一把也甭玩了。有時客戶也會試探，例如

A客戶假裝問，「B客戶現在看好哪檔股票？」這時候，營業員如果不經意地透露，那就完了；甚至用人情攻勢說，「沒關係，我保證不會講出去，只有天知地知你知我知。」如果笨笨信以為真，那也掛了。

第二個，一般外型姣好的女營業員，可能只是陪客戶喝喝咖啡、吃吃飯，不太願意放下身段幫客戶處理雜事。但是，別人不做的閒事，她願意做；客戶的車子有問題，她去解決；客戶的小孩子需要做什麼事，她來處理，簡直像是家庭祕書一樣。有一個客戶只有一個女兒，簡直寵上天，有陣子速食店、超商流行集點送禮物，其中一定有一、兩個很難蒐集成套。我看到這位營業員，發動所有親朋好友，甚至不惜上網購買，幫客戶集成一套，對方從此成為她的死忠客戶。

第三個，每一年的初夏，玉荷包剛出來，價錢正貴的時候，她一次訂十箱給客戶。或是發現市面上出現什麼新鮮有趣的產品，一定馬上去買，送到客戶家裡讓他們嘗鮮。我記得十幾年前的葡式蛋塔熱潮，還有前幾年日本甜甜圈剛進來台灣的時候，都要排隊排好幾個小時才買得到；她會請人去排隊，熱騰騰地送到客戶的手上。如果你是她的客戶，在收到這種禮物時，難道不會感覺到三個字——「足感心」？

做得這麼周到，讓她在客戶心目中，建立出超越金錢利益的附加價值。同樣是專業的證券營業員，付同樣的手續費，卻能有這種貼心服務，也難怪大戶們被她治得服服貼貼。

剛開始從事業務工作的菜鳥，最困擾的問題莫過於「客人在哪裡？」因此，一開始能動用的人脈資源，都是親朋好友，不過，這些原本的人脈總是有限，很快就會消耗完，這個時候就是菜鳥能不能展翅變老鳥，或是半空折翼提早「畢業」的關鍵時刻了，想要有長期穩定的業績，必須學會放長線釣大魚，建立新的人脈圈。

如何吸引潛力客戶的注意，關鍵仍在「人情」，主要是看你值不值得他信任，客戶才會願意進一步跟你建立更長遠緊密的關係，這段過程往往需要經過長時間的觀察跟試煉。因此這類客戶，沒有一個是好伺候的，只是再怎麼難伺候的客戶，總是有弱點，就像養貓，要學會順著毛摸；花時間去了解客戶，一定都能找到可以打破心防的方法。

男女談感情不會第一次見面就說，「我要把你當女朋友。」做一筆大生意也是一樣，不會一開始就表明，「我想跟你做生意。」都要先抱著交朋友的心態。

步驟一》先建立情報網，摸清狀況再各個擊破

我在當電器業務員時期，剛接下一個新的業務轄區時，我認為最有效的方法是「探聽軍情，各個擊破」。首先，為了摸清楚各家電器行的狀況，我會先選擇生意好、比較老牌的電器行，或是老闆身兼地方團體幹部的身分，透過這些人來打聽情報。我會對他們說，「今天來到貴寶地，不太熟悉這裡的資訊，您這家店在這邊最有影響力，可不可以請問……」，這個做法一方面打聽到消息，另一方面也是順勢拍了對方馬屁。

從一家店口中去探聽其他店家的背景，了解其他老闆的個性，甚至是財務問題，然後再

去另外一家店打聽，來回幾次交叉探聽，多半都能摸清楚各家電器行的狀況。例如陳老闆上星期賣了一塊地，手中有閒錢，我就要想辦法去跟他做生意；王老闆下個月初要嫁女兒，我要找時間跟他說聲恭喜，趁機拉關係；吳老闆最近資金周轉有困難，我可以暫時先不要跟他合作，以免被跳票。同行之間也會互相攻訐，一定只能放在心裡；否則話搬來搬去，攪亂一池春水，反而會讓自己成為箭靶，不僅得不償失，也違反江湖道義。

步驟二》送禮耍心機，大家都做的不要做

每次生日之前或是逢年過節，我都會接到很多罐頭簡訊，就連信用卡銀行、曾經留下會員資料的餐廳，也都會用電子郵件系統自動發出祝賀郵件。不過我看到這種簡訊或信件，只有一種感覺，就是「沒感覺」。這很像是你的情人每天早上起來說聲我愛你，持續不到一個月，你大概就沒有感動的心情了。

表達心意，如果都跟大家用同樣的方式，大可不要用，因為對方不覺得特別，效果等於

零，搞不好還認為你沒誠意，浪費時間而已。

最棒的狀況是投其所好。以前我們南部遇到大拜拜要辦桌請客，有個親戚很喜歡喝酒，就算辦得再豐盛，但桌上沒擺酒，他也沒有胃口。相反地，對方如果滴酒不沾，送他市價好幾萬的名酒，也沒有意義。

我記得一九八〇年代（民國七〇年代）的時候，台灣最富盛名的歌舞團到我們家附近的戲院表演，主角是當紅歌旦小明明（藝人施易男的母親）。當時我剛跟太太訂婚，為了讓婚事進行順利，我特別買了六張票，給我未來的岳父母、乾爹媽和叔嬸，他們都是小明明的戲迷，收到門票時，高興得不得了。在那個年代，一張票四百多元，我的薪水大約八千元，六張票花了我三分之一的月薪，但是能夠找到機會去迎合他們的喜好，表達身為晚輩的心意，這筆錢花得還是相當值得。

小小的禮物是很好做人情的工具，送得巧妙，很快能拉近距離，這裡面也有一點心機：

第一次拜訪千萬別送禮

切記，第一次拜訪客戶時不要送。對方會認為禮多必詐，我們交情沒那麼好，突然送我一個蛋糕做什麼？收了就變成「拿人手短」，不收又怕當面給你難堪，當下就會變得很尷尬。我的建議是，如果第一次見面談得很投機，讓對方建立起不錯的印象，下一次就可以故意找個送禮的藉口，其中最好用的藉口就是：「我從外地回來，順手帶一個小小的特產給你。」

以前當電器業務員時，負責範圍除了我居住的嘉義縣，還有台南縣、半個雲林縣，所以只要離開嘉義縣的範圍，回來後我就會帶一些地方的小名產，像是台南有新港飴、中式大餅，雲林有北港花生。假裝不經意的路過，把伴手禮放下來，聊個三、五分鐘就離開，避免待太久，讓對方認為我真的只為了送禮而來，沒有其他意圖也不太會讓人感受到壓力。

這種感覺就像很多年前的即溶咖啡廣告，男孩子要回部隊之前，特別跑到女朋友公司樓下的電話亭，打電話說：「我只是想聽聽妳的聲音。」女生很感動，泡了咖啡跑到樓下陪他一起喝。很簡單的心意，卻能讓人感覺特別溫暖，這就是表達心意的最高境界。

節慶送禮，先到先贏

在關係建立起來之後，會變成「有禮走遍天下」。我個人的習慣還是老話一句，「人多的地方不要去」，端午節幹嘛一定要送粽子？中秋節幹嘛一定要送月餅？如果有個人交遊廣闊，端午節收了一百多粒粽子，中秋節收了二十盒月餅你叫他怎麼吃？台灣是寶島，應時應節的水果特別好吃，玉荷包、金龍土芒果、水蜜桃芒果、哈密瓜，都是好選擇，各地土特產也是不錯的禮品。不過要了解客戶的口味與喜好，千萬別送一份客戶不喜歡的，否則馬屁就拍到馬腿上了。

如果真的要跟大家送一樣的東西，我會提早一個月準備，買很特殊的口味，或是買名店的產品。中秋節是農曆八月十五日，我一個月前就先下訂單，在農曆八月一日把貨送到，讓對方吃到當年第一口月餅。人都喜歡新鮮感，第一口一定最好吃，後面所有送月餅的人，統統被打敗了。

禮輕情意重

唐朝有個藩屬國，派了特使緬伯高，向唐朝進貢一隻白天鵝。進貢的路途遙遠，一路上，他對天鵝呵護備至，有一天經過一座湖邊，他把天鵝放了出來，到湖邊休息，沒想到天鵝喝完水，精神大好，竟然翅膀拍拍就飛走了，只留下一根羽毛。

緬伯高靈機一動，將羽毛仔細包了起來，獻了出去，上面附了一首詩，「將鵝送唐朝，山高路遠遙；沔陽湖失去，倒地哭號號；上覆唐天子，可饒緬伯高；禮輕人意重，千里送鵝毛。」讓皇帝龍心大悅，不但沒有怪罪他，還給予豐厚的賞賜。

送禮要記得「禮輕情意重」，雖然面對的是大客戶，但是並不代表要配合他的身分地位，送多貴重的禮物。只要讓收的人沒有負擔，送的人表達他的情意，就能達到目的了。就像前面說的，從外地出差帶回來的土產、零食，或是傳統老店的經典商品、剛開幕店家的明星商品，都是送禮的好選擇。

步驟三》靠應酬加深交情，看酒品也能找出銷售策略

要跟客戶保持來往，或是建立更良好的私交，免不了有一些應酬活動。我以前在嘉義跑業務的時候，嘉義有個特殊的風俗習慣。農曆七月的中元節，一般人都只有在農曆七月十五日拜拜，不過嘉義卻是從七月一日開始拜到七月三十日，而且每三條街為一組，輪流請總鋪師來辦桌請客，用意是讓「好兄弟」每天都有飯吃。

南部很注重這種禮數，客戶請客，受邀的業務員當然一定要到，不到的話，會給你記上一筆，認為你不給他面子。所以農曆七月時，我幾乎每天都要去應酬，辦桌的菜色又都差不多，後來只要吃到前面兩道菜，我就知道下一道是什麼菜。同桌的還有其他公司的業務員，大家就要一起拚酒，變成一種特殊的應酬文化。

從應酬活動也可以學到一些有趣的事情。那時候，我們跟客戶收帳的時間是每個月的月底，有一家電器行老闆很喜歡喝酒，每次跟我把帳算完之後，支票收進抽屜裡面，就會找

我去酒家喝酒。記得我第一次到酒家，準備要離開的時候，陪酒的小姐跟我說，「下個禮拜我生日，要不要再來？」我還笨笨地答應她。結果客戶告訴我，「其實每天都是她的生日。」原來陪酒小姐招攬客人的業務手法，跟我們在路上看到某些商家招牌寫「最後一天大拍賣」，實際上每天都在大拍賣，還真是有異曲同工之妙啊！

聽說有些中國人選女婿的時候，會請喝酒或邀請一起打麻將，想要看他的酒品跟牌品。我們跟客戶應酬，也可以看出對方的個性，幫助我在跟客戶來往的過程中，分別擬出銷售策略，訂立讓他們滿意的優惠方案，達到我的業績目標。

例如有些人個性斤斤計較，我會在計算價格時，連個位數都算給他，總結時再大筆一砍，讓他感覺買到賺到；有些人大智若愚，我提案時會兩案並陳，幫他挑選對他最有利的方案，他都會說，「其實我不太會算，只要你說好就好，反正我相信你就對了。」這時我就會說，「哪裡哪裡，這種小事讓我來好了，您注意的是大方向。」

步驟四》跟客戶「搏感情」，需要長時間經營

這部分大概是一般人比較難做到的。我到比較熟悉的店家拜訪，有時候一待就是一個下午，不像別人都忙著抽菸、看電視、聊天，如果店家有客人上門，我會站起來幫忙老闆介紹產品。而且不只介紹我們自家公司的產品，當客人問到其他品牌，我也會很認真去介紹那些商品的特色，我當時把自己當成電器行員工在招呼客人，目的是幫老闆做到生意。

後來，我只要開拓新的店家，也會比照辦理。一方面展現我的親和力，一方面讓老闆覺得，「這個人不會很自私，不會趁機批評其他品牌。」我跟老闆的距離也往往因此拉得更近。

甚至，當老闆店裡需要人手，不管賣出去的是不是我們自家品牌，我就會義不容辭幫忙送貨，或跟老闆一起到府安裝電視機、冷氣機。以前裝電視機，必須有一個人拿根長竹竿，到樓頂裝天線，另外一個人在電視前面，慢慢調整天線的方位。別人聽了可能會覺得我很吃

虧，不過，因為抱著這種開放的心態，我學會了安裝這些電器，也跟店家老闆建立了很深厚的情誼，對於業績反而幫助更大。

跟客戶培養關係，不是有一搭沒一搭去噓寒問暖就可以做到，必須經歷長時間的經營。所以，跟客戶經過一年、兩年的相處，雙方就像是朋友了。有時候到了月底，我發現業績缺少十萬元，達不成業績就拿不到基本獎金，我就會跟交情好的客戶拜託一下，請他提早給我一點訂單，通常這個時候，人情都會做給你。當然，做人情也需要禮尚往來，他今天提早給了我訂單，幫助我得以拿到獎金；下一次他要訂三十台冷氣，我就會用五十台的優惠價給他優待。

這種人脈的經營非常微妙，沒有標準作業流程，也沒有一體適用的範本，全部都要因人、時、地去活用。像是台灣南部與北部的民情很不一樣，南部人重感情，你對他好，他會念念不忘，找機會回報；北部人重質感，送禮不能太粗糙，否則表面上他不明說，內心裡會暗自抱怨你送禮沒誠意，反而產生負面效果。

講到「搏感情」，不能不提一個經典故事。以前南部有一個民意代表，他的支持者都是死忠的基層選票，他收到紅帖的時候，禮到人不到，或是請他的助理代表就好。但是，收到白帖子，他一定本人親自到，而且在捻香的時候，竟然直接跪下爬行幾步，甚至哭得比喪家還大聲。

在這種公祭的場合，普通的親戚朋友都只是行禮如儀而已，但是這個民意代表，跟喪家也沒有血緣關係，跟往生者生前可能都沒有碰過面，他竟然以一個像是家族晚輩的姿態行大禮，可以想像對現場所有家屬的震撼力有多大。對於理性的人來講，這種行為可能有點超過了，但他的做法，偏偏就是打到選民的心坎裡，在鄉里間口耳相傳，造成的宣傳效果，比起上三次頭版版面，效果更大。光靠這一招，就讓他從地方到中央每選必贏，因為有一群堅強死忠支持者，一路相挺。

3-3

想賺錢，先讓對方覺得「賺到了」

我在準備當兵之前，曾經在台北士林夜市擺攤賣楊桃冰，一杯價格兩元。那時候天氣很熱，有一次，一個常客來光顧，喝了一杯以後，我問他，「要不要再來一杯？」他說，「半杯就好。」我心裡想，這半杯也算是多賺的，天氣又這麼熱，乾脆給多一點，於是第二杯我就裝了九分滿。從此之後，這位客人每次來喝楊桃冰，都跟我點一杯半，因為他可以喝到將近兩杯的分量。

這個做法效果很不錯，那個夏天，我的楊桃冰生意比老店還要好；他們一天賣出一千元，我可以賣二千元，其中有一千二百元是淨賺的，利潤比老店一天的營業額還要高。

也因為這次經驗，讓我領悟到，人都喜歡占便宜的感覺。表面上我給客人將近兩杯的分量，只收到一杯半的價錢，好像是我吃了虧，實際上，我獲得了原本沒想到的利益。

現在的客人愈來愈聰明，尤其網路資訊這麼發達，想要買一台除濕機，不會只到大賣場裡聽店員的介紹，而是會請親朋好友推薦好用的品牌型號，或是上網比較不同產品的規格和價錢，然後瀏覽相關的商品討論區，參考其他網友使用過的評論。又例如，打算幫自己買一張醫療保單，也不會單方面只聽保險業務員的推薦，勤快一點的人，早就把相關產品的特性比較清楚，連條款、費率，都搞得比業務員還仔細了。

簡單來說，生意就是「買」跟「賣」，最棒的狀況是，賣方有利潤可以賺，買方覺得物超所值，讓雙方都覺得占到便宜，就是一筆成功的買賣，也多半會有下一次合作的機會，這就是做生意的精髓，而不是想辦法讓自己占盡好處。

對業務員來說，「沒有賣不掉的商品，只有賣不掉的價格」，只跟客戶套交情當然還不夠；進入到談生意這一環，想要賺到客戶的錢，訣竅只有一個，就是站在對方的立場，以對方的利益為考量，講出他想聽的話，讓他感覺「賺到了」。

讓客戶有興趣跟你合作，怎麼說才對？

✗「我們的產品很優秀」

○「賣我們的產品，你可以拿到更高的利潤」

我剛出社會在賣電器的時候，面對的電器行老闆都很精明，他的店裡已經賣了各大品牌的電器，客人接受度也高，為什麼要當我們這種小品牌的經銷商呢？品牌知名度不高、市占率又低，進了貨可能賣不掉，為什麼要承擔這種風險？

所以，我介紹產品，絕對不會自賣自誇。明明推銷的是小品牌，如果刻意強調「我們家的產品，各方面的性能都比其他品牌更好！」店家老闆一定覺得我在吹噓，做人不老實。

所以，還不如退一步承認缺點，就算不講，人家也知道，從實招來更爽快，對方反而覺得你很坦誠。當然，並不是要批評自家產品，而是要巧妙地把缺點轉化為優點。

例如，我會說，「在家電市場上，我們是最小的品牌，可是小品牌有幾個優點，第一，我們不像大品牌的價格很死板，利潤彈性比較大。第二，我們冷氣的壓縮機是日本原裝，售價卻比其他品牌便宜了兩到三成，很適合預算比較少的客人。第三，我們目前市占率比較低，但是服務反而比較快，絕對不會輸給大品牌。」

市場的現象確實是如此，品牌愈大，利潤彈性愈小。像是以前雜貨店只能賣公賣局（台灣菸酒公司的前身）菸酒的時候，一瓶米酒十塊錢，利潤只有一毛錢，一包菸十塊錢，利潤只有一塊二，要多賺一毛錢都很難。既然利潤低，雜貨店為什麼要賣？因為沒有其他選擇，價格也沒有調整的餘地；偏偏又不能不賣，因為菸酒是大宗的暢銷貨，客人不喜歡分開買，一家搞定省時又省事。所以腦筋動得快的老闆，米酒、香菸都只賣九塊半，讓客人誤以為，「連這麼硬的商品，都比其他家便宜，當然其他商品也是。」但妙就妙在這裡，其實這一家店，菸酒雖然便宜，其他商品反而比較貴，店家老闆得以用這一招心理戰術，把錢從其他冷門商品賺回來。

大品牌因為市場接受度高，客人都想買，店家不賣不行，所以利潤空間控制得比較嚴格；甚至產品缺貨的時候，店家還要拿現金排隊才搶得到貨。

相對地，第二線、第三線的品牌，想要出人頭地，就要動點腦筋。除了凸顯自家產品的特色，最重要是強調「賣我的產品，你（客戶）可以得到什麼好處。」這種站在客戶立場出發的話術，更容易打動對方的心。

缺業績時跟客戶追訂單，怎麼說才對？

✗「這個月底就差你這筆訂單，幫我一下啦！」

○「這個月底有一個促銷方案，現在買有優惠！」

成功開發出新客戶後，接下來是持續經營，得到源源不絕的訂單。以前我賣電器的時候，隨身都會帶著訂購單，每隔幾天會到客戶店裡巡訪一趟，一方面跟老闆閒聊打關係，一方面趁機看看店裡的倉庫。假設王老闆上次跟我訂了五台冷氣，我看到他倉庫裡只剩下兩台，此時我正好缺業績，希望他先跟我下訂單，但是老闆通常會想等到賣光了再來訂，我該怎麼說服他？通常會出現以下情況：

「老闆恭喜耶！你的冷氣快賣完了，最近剛好有一個冷氣的促銷，一次訂十台可以更便宜！」

「一次訂十台？不要啦！萬一我賣不完怎麼辦？」

「不然這樣子，我另外又有一家客戶，你們兩家一起訂，各訂五台，還是可以拿到訂十台的促銷價。」

幫他設計出最適當又划算的訂購量與價格，一切站在他的立場去想，他會感受得到，通常也會樂於接受這樣的方案。一方面他覺得自己得到了便宜，一方面我也達到業績目標，這樣才能創造雙贏的結果。

另外一種狀況則是「以小搏大」。比如說，我這個月的業績就差一點點，只要陳老闆跟我訂三台冷氣，我就可以達到業績目標，領到兩千元的獎金。但是，目前公司沒有任何促銷方案，我可以跟陳老闆說，「現在我們有個優惠，訂三台冷氣，多送兩台電風扇。」

實際上，公司這項優惠早已結束了，電風扇是我自掏腰包來的。但我不覺得吃虧，因為我只是多花四百元買電風扇，就能拿到兩千元業績獎金，對我而言還是划算。

還有，在容許的範圍內，也需要睜一隻眼閉一隻眼。例如，有一家電器行，接到了新開幕補習班的大生意，需要一百台冷氣機，原則上，我們會針對補習班這個案子，訂下一個特別販售方案，一百台冷氣可以打五折。但是，電器行卻跟我訂了一百二十台，多訂的二十台，不是要出給補習班，而是要自己放在店裡賣。

平常，如果只訂二十台，只能打七折。但是電器行利用這次特別方案，用五折的成本，拿到平常只能用七折買到的貨，去賺取中間的利潤。這時候，也不需要去跟對方計較，站在公司的立場，可能兩、三年才會碰上一次這種大生意，保留一點彈性，讓對方有機會多賺一點，人家肯定會覺得你這家公司夠上道，以後要繼續做生意，一切好談！

這其實是一種「奇檬子」（日文「心情」的諧音）。買一把菜，為什麼要送薑送蒜送辣椒？圖的就是客人心裡高興，讓他以後願意常常光顧；如果老闆跟客人一樣錙銖比較，同樣的東西，人家大可以去別家買，這樣怎麼留得住客人呢？

面對猶豫的客戶討價還價，怎麼說才對？

X「我們全店都有折扣喔！」

O「平常只有VIP有折扣，今天特別給你優惠價！」

不管是夜市地攤老闆，百貨公司裡的專櫃店員，還是各行各業的業務員，手上的產品要賣多少錢，都有一個最底價，因為這決定了利潤的多寡。企業、商家在經過進貨成本、庫存壓力種種考量後，所訂出的賣出價格，多半會保留一些空間，好讓客戶討價還價，滿足消費者喜歡殺價、買到賺到的快感。

然而，當客戶殺價，不代表他一定會買，有些人只是殺價殺成習慣，最後看到價格不滿意，或是還想再貨比三家，仍然不會掏錢出來。要怎麼成功留住客人？我發現，讓他們感覺到「特別待遇」，是很重要的關鍵。

例如你逛街的時候，對一件襯衫感到很心動，但又不甘心用原價購買，於是問了店員，「能不能再便宜一點？」

店員只要走到櫃台跟店長竊竊私語幾句話，再偷偷把你拉到旁邊說，「我剛剛問過店長，平常我們只有給ＶＩＰ客人打折，今天特別給你折扣，希望你以後常來喔！」

是不是能讓你立刻將心動轉化為行動呢？其實，給特定的折扣，本來就是那位店員能掌控的權限，對於想殺價的客人，只要搬出同一套說詞，就能讓平常只路過一次的普通客戶，感受到貴賓客戶的尊榮感，不但願意掏腰包，也增加了下次光臨的意願。

反過來想，如果店員面對你的殺價，就當著所有客人的面回答，「目前店裡所有的商品都有折扣喔！」等於對於所有客人一視同仁，少了一種「特別待遇」的感受，掏錢的動力就沒有那麼強烈了。就像是情人說「我愛你」，效果當然就比不上「全世界我只愛你」了。當客人還有其他選擇時，為什麼要跟你買東西？只要運用一點點小技巧，讓他覺得物超所值，讓他感覺受到特別對待，這筆生意要做成，通常是八九不離十。

3-4

搶客戶，不必頭破血流

維繫客戶關係的過程中，並不是常常都能一帆風順，業績愈重的大客戶，愈要小心伺候。我在擔任投顧總經理期間，是一九八〇年代中後期，正是「台灣錢淹腳目」的時代，當時台灣人瘋狂買股票，小券商發展非常蓬勃，有一句話說，「券商比便利超商還多」，實在形容得很傳神。

現在可能很難想像，當時有些ＶＩＰ大戶，每個月的成交量高達新台幣兩、三億元到數十億元，一次進出就足以影響市場；而券商只要賺幾個大戶的手續費，就抵過上千個小散戶了。那時候退佣（編按：交易達特定金額，券商會退還特定比率的手續費）競爭白熱化，除了拚誰退佣的比率高，還要想辦法討這些大戶的歡心。

面對重量級客戶，先「請教」再給「建議」

我的核心任務也一樣，要服務在我們券商下單的大戶。幾乎是每天上午，從開盤到收盤，都要巡一遍貴賓室，向二、三十個貴賓噓寒問暖，關鍵時刻給他們投資建議，拉近彼此的距離，鞏固跟他們的關係，確保他們不會被其他券商挖走。

這些貴客的身分，有些是大企業老闆、公司大股東、發土地財的土財主，還有一些是大老闆的夫人或姨太太，一個比一個難纏，一個比一個難伺候。人總是情緒性的動物，雖然每個人個性都不一樣，必須針對他們不同的性格特質，一個一個去建立起友誼。每隔一、兩個星期，我們會以公司名義，請大戶們一起聚餐，聊聊對股市的看法。特別是股市在連續下跌修正的過程裡面，講話要更加小心，多為對方設想。

有些人喜歡傳產股，有些人喜歡金融股，而大戶之所以成為大戶，他們自有一套賺錢方法，所以剛開始，我通常會先「請教」他們的看法，通常他們也會感受到被尊重，因此也會對我知無不言。經過前幾次談話，其實就能漸漸了解到對方的個性，是積極、自大，還是含蓄、謙虛；我一方面可以藉此摸索出跟他們的相處之道，一方面也能按照他們的投資取向，給予我的專業建議。

當時很多人對於相關法令也不太重視，例如「歸入權」的問題，上櫃公司的大股東如果買自家公司股票，並在六個月內賣出，賺到的價差必須歸公司，同時也觸犯證券交易法。有些大股東對法令一知半解，有些人則是認為不會被查到，其實他們的交易狀況，證交所都清清楚楚，我就要特別注意，並且提醒這些大股東不要做出違法的交易。

盤中偶然會出現一些突如其來的消息利空，針對喜歡做短線的客戶，則要盡快通知他們，並做出應對。股市裡也常常有一些謠言，我們要馬上判斷謠言的真假，做出合理的推估跟剖析，協助客戶避免損失，甚至多賺一筆；這種成就感，是很難以言喻的，往往能因此跟很多大老闆建立不錯的私交，建立起的人脈也會變成我往後的個人資產。

狀況》搶競爭對手的客戶
反應》同理心思考，以客戶利益為優先

前面提到，為了搶大客戶，券商彼此競爭十分激烈，我擔任投顧總經理時，也需要跟著業務員去挖其他券商的大戶。當時退佣競爭已經白熱化，各家的退佣條件都差不多，想讓客戶跳槽，就要拚服務品質。

通常大客戶操作地得心應手時，不太會隨意轉換券商；當他們打算轉移陣地，最大原因就是最近做得不太順利。當我們鎖定的客戶，若最近操作不太順手，就是遊說他的最好時機點。我們最常使出這兩招：

一、以對方利益為出發點，給予客觀建議

表面上，客戶交易愈頻繁，成交量愈大，券商就能賺愈多手續費。可是，在股市裡討生活，不可能天天過年的，所以我不會遊說他趕快轉移到我們公司來，坦白講，當一個人運氣

不好的時候，本來就應該稍微休息一下；如果繼續戴著鋼盔往前衝，硬著頭皮去做，會愈做愈差，因為判斷力已經受到影響了。

而投資股票除了在場內買跟賣之外，最重要的是懂得在場外觀望。因此我的做法是，給予中肯的建議，我會對他說，「痛苦的時候要忍耐，寂寞的時候要等待，先休息一段時間，休息是為了走更長遠的路，等手氣順了再進場。等狀況轉好，再重新出發。」

對方聽了我的話，因此避開一段損失，一來，會感受到我們公司很有誠意，是以他的利害關係為重要考量，不是只為了貪圖手續費才挖他。二來，我們公司也希望客戶能夠愈賺愈多錢，一億的資金，可以變成兩億、三億、四億，我們未來才有更多業績。如果他盲目交易，不該買也買，不該衝也衝，把錢都賠光了，說實在話，對我們也沒啥好處。

二、提供一對一輔導，給予尊榮待遇

要讓一個有潛力的中戶或大戶轉移陣地，實在不簡單，我們派出的營業員，必須具備高配合度，並提出我們公司的整套服務，讓他知道轉移陣地是值得的。

一開始，有意願的客戶會先轉移部分資金，先到我們公司試幾個星期。這段「試用期」十分重要，我們會針對他的交易狀況進行健診，幫助他找出投資盲點，展現我們的專業知識和功力。同時，我也會派專人對他做一對一的服務，讓他感受到自己受到貴賓級的專屬待遇。特別是他在原本的券商，可能只是中小戶或中戶，沒有受到這種重視，而我們的做法會讓他感到很窩心。

經過我們的專業建議，幫他調整好投資方向後，一旦操作順利，他會漸漸轉換過來，而後續的服務也要到位，才能持續鞏固客戶留下來的意願。

另外，比較有趣的是，有些大客戶很迷信，認為操作失利是因為券商的風水不好。我從一九九〇年開始研究紫微斗數，業務員也會把我這項「技能」當作吸引客戶的誘因，讓我們能在很短的時間內，了解新客戶的背景與想法。有時候我也會從財運、風水的角度，幫他們解決問題，也因此，很多客戶到現在都還是我的好朋友。

狀況》面對敵人搶客戶
反應》不正面迎擊，採「模糊戰略」留人

我們會挖別人的客戶，當然也有別人會來挖我們的客戶。當時，我們幾乎每個禮拜都會檢討，比如說，A客戶最近一個月的成交量明顯減少，或是B客戶貴賓室的電話老是打到其他家券商，從這些蛛絲馬跡，都可以發現客戶鬆動的跡象，發現敵人已經攻進來了。此時我們絕對不會正面迎擊，而是採取「模糊戰略」，有以下三大原則：

一、打迷糊仗

首先，在態度上從頭到尾都要裝傻，假裝不知道這件事。一旦正面戳破客戶，很可能會出現以下狀況：

「是不是有其他家要挖您過去？」

「對啦，坦白跟你講，對方退佣比你們多，如果你們能比照辦理，或是給我更好的條件，我再考慮留下來。」

這樣的結果，會讓我們自己陷入兩難抉擇。如果答應客戶比照辦理，未來他可能會要求更多條件，同時，雙方的信任感也會受到影響。所以我們通常先假裝不知情，同時提升服務品質，也就是更加殷勤，從行動上感動他。

二、人情攻勢

以前券商的貴賓室，都會請服務員送早餐和午餐。如果客戶是男性，我們就會特別派出年輕貌美的女服務員幫他送餐。想想看，如果有一個漂亮的小姐，每天都幫你準備早餐在桌上，而且又很合你的口味，客戶心裡一定會喜滋滋的。

或是直接請來總經理或董事長，增加對他噓寒問暖的頻率，甚至董事長會順手奉上兩瓶紅酒，表現出我們對他的重視，讓他不好意思走，通常這種人情牌都挺管用的。俗話說，「吃人嘴軟，拿人手短」，受到人家的好處，自然就會礙於情面，避免做出違背對方的事情了。

三、運用弦外之音

遇到客戶跳槽危機，我們也會找客戶吃飯，派兩個人演雙簧，透過一搭一唱，趁機「曉以大義」，例如：

「其實喔……股票最主要是賺錢啦！退佣是小事。」

「對呀！原本隔壁貴賓室的何先生啊，跳到那邊去，反而不習慣，現在做得也沒有比較好！」

「林小姐上個月離開這邊，發現不合適，下星期又要回來了。」

這種話中有話的方式，其實客戶也聽得出來我們的弦外之音，重點是談話過程中不要打破這個模糊的界線，避免尷尬，一戳破就要付出代價。

由此可見，比起開發客戶，要穩住客戶反而更難，得要花費加倍的心力。我們的最大目標就是留下客戶、留住業績，表面上打的是模糊仗，但必須在模糊的空間裡盡一切努力，戰術上雖然模糊，但戰略上卻清楚明白。

3-5

談錢不用傷感情

處理跟客戶之間的業務，最核心也最敏感的連結關係就是「錢」。做生意是銀貨兩訖，買方拿到貨，賣方拿到錢，才算是交易完成。偏偏世事不會盡如人意，交易過程中總是會搞出一些紕漏。像是證券營業員，每天要處理的交易金額可能高達幾十億元，接電話幫客戶下單的過程中，難免會出現環境太吵雜而聽錯內容、委託人講話不清楚，或是沒有再三確認就送出錯誤的委託單，而出現「錯帳」的失誤。

當「錯帳」發生，剛好有賺到錢就沒事，要是賠了錢，代誌就大條了。二〇〇五年六月二十七日，發生過一件震撼證券市場的「錯帳」事件，某家知名證券公司的外資客戶組合委託單，原本要下單新台幣「三百萬」元，營業員卻在交易系統上敲錯鍵，變成了「三百億」

元；由於這筆金額已經超過了外資客戶在這家證券公司的單日交易額度上限，最後實際成交金額是七十七億元。這起大烏龍，造成台股盤中二百三十八檔股票瞬間拉上漲停，許多投資人笑呵呵撈了一筆；但出包的證券公司可就高興不起來了，緊急投入大批銀彈進行反向沖銷，透過公司內部的自營部和旗下公司分別進場承接，最後總計損失了將近五億元。還好因為處理得當，跟客戶之間沒有造成糾紛。

在過去的工作經驗裡面，我也遇過跟錢有關的麻煩，身為一個員工，要同時面臨來自公司和客戶的壓力，想要圓滿協調，把損失降到最低，又不能得罪人，在溝通的時候有三大重點要注意：

出錯要第一時間處理，拖延不得

有句台語俗諺說，「花要插，插頭前，插後面，無人情。」字面上是說，在頭上裝飾花朵，要插在正面，別人才看得到，否則就沒意義了。引申出來的意思是，想要求表現，必須把握第一時間。像是朋友生日或生小孩，就要搶先在當天送上熱騰騰的祝福，要是隔了兩星期才道賀，對方心裡的感受就不會那麼強烈了。

處理糾紛也一樣，絕對不要拖，一定要劍及履及，在第一時間內提出解決方案，不要等到對方開口再去做；主動積極去面對，讓他有受到重視的感覺，氣也先消了一半。根據我以前的經驗，遇到證券營業員接受委託人電話下單後出現錯帳，我們會立刻調出錄音帶，先把責任釐清；究竟是委託人講錯，還是營業員聽錯，趕快把問題搞清楚，才能進行下一步的處理。

把對方利益擺在第一位

戲法人人會變，各有巧妙不同，我的經驗是，處理跟金錢有關的糾紛，在溝通之前就要懂得站在客戶的立場，把對方的利益擺在第一位；在「利」字之前，講任何道理都沒有用的，把利害關係解決掉之後，一切都好談。

我工作過的證券公司，曾經有個客戶發生錯帳，虧了新台幣一百多萬元，結果是客戶和營業員都有錯。若把客戶的利益放在第一位，必須去彌補他的損失，但是站在公司的立場，也沒理由直接付給他這筆錢，因此我們採取了一個折衷的辦法，增加他的退佣比率，讓他透過交易把錢拿回去。

比如說，這位客戶原來的退佣比率是萬分之六，我們承諾未來幾個月讓他多退萬分之一；只要他每個月成交三十億元，每月就能多拿回三十萬元，四個月就能拿回一百二十萬元了。如果他想要拿回更多錢，這幾個月的時間，他就會提高成交量，也算是變相地幫我們衝業績。

當這種糾紛處理得很和諧，雙方信任度會增加，也許這位大戶本來有在其他家券商下單，憑著對我們的信任，而把絕大多數的單子轉過來，一舉兩得，皆大歡喜。

姿態放軟，顧全大局

出了錯，如果是我們的責任，當然要負起全責。過程中一定會面臨客戶的負面情緒，我們的態度、講話口氣一定要和緩，先道歉，再處理，否則惹得大客戶掀桌走人，我們的業績也飛了。

不過，如果錯在客戶，怎麼辦？俗語說「做人留一線，日後好相見」，除非對方真的是十惡不赦的大奧客，否則我建議，最好不要跟客戶撕破臉。再來，為了顧全大局，我們會把姿態放軟，要求客戶負責，找到一個讓損失降到最低的解決方法。

曾經有一個股票市場的主力，同一檔股票，在甲券商買進，在乙券商賣出，結果在甲券商違約不交割，把乙券商錢拿走，這時甲券商就會面臨損失。違約金好幾十億元，天文數字由誰來賠，券商、主力、營業員？三方都不認帳，最後協調失敗，只能訴諸法律，甚至黑道都介入處理。

我在當電器業務員的時候，也曾經被某家電器行倒過一次帳。這種事情防不勝防，他過去的信用非常良好，跟各家上游廠商也都保持很不錯的關係，沒人發現他經營不善。

那時候收帳的方式是這樣子，例如元月份電器行跟我訂貨，開四月份的支票給我。到了四月份，當我發現這張元月開的支票跳票時，代表二月、三月開出的票也統統跳了。說真的，如果對方有心要倒你，再怎麼小心都沒有用，狠一點的還會故意訂更多貨，造成廠商更大的損失。

當時那位客戶，一個月的貨款就是五、六十萬元，我發現的時候，被跳了三張票，一共是一百八十多萬元，在一九七〇年代，這是一筆鉅款。最後的解決方式是去客戶的倉庫，把剩餘的庫存搬回來，一共搬了一百二十幾萬元的貨，剩餘的貨款，再由對方慢慢分期付款歸還，整件事算是圓滿解決。

這件事情的解決過程，其實是「步步驚心」，因為業務員站在公司跟客戶之間，必須扮演「潤滑劑」的角色。我既然代表公司，目標當然是幫公司把損失降到最低，拿回應有的貨物和貨款。但是站在客戶的立場，周轉不靈已經很難過了，如果一副興師問罪的態度去討債，他肯定認為你不顧情面，只會落井下石。

照理來講，貨已經進了他的倉庫，沒有他的同意當然不能硬闖，否則就變成搶劫了。還有，把貨搬回來以後，事情還沒結束，剩餘的貨款分成十二個月、每月三萬多元來歸還，我還得每個月去收錢。客戶倒帳，不可能只倒一家，屁股後面一定追著一批債主，例如他每個月只拿得出七萬元現金，我必須想辦法讓他優先把三萬多元還給我，這段時間，跟客戶之間的關係絕對不能破壞掉。

所以，雖然問題出在客戶，我仍然得忍氣吞聲，採取「哀兵政策」，客戶跟我哭窮，我也跟他唱哭調，「再這樣下去，我也會工作不保！」盡量把姿態放到最低，請對方體諒我的立場；講話一字一句都要斟酌，避免刺傷對方。他感受到誠意，自然也不會對我絕情。

3-6

在客戶發問前，先把答案準備好

只要有向客戶推銷的機會，就要盡可能讓對方在最短時間內，透過型錄或產品說明書，搭配口頭上的簡介，讓對方了解你家產品的特色。所以正式上場之前，不管是只對一個客戶，或是同時面對多位客戶，最好都能做好事前的演練。甚至是找主管、同事、親朋好友當聽眾，從中找出介紹過程中可能會遇到的錯誤。

最常見的錯誤是像「矛盾」的故事，一個商人聲稱自己賣的長矛無堅不摧，又標榜盾牌是所有利器都無法刺破，到底他賣的矛與盾，哪個厲害？千萬記得，不要過度美化自家產品，導致無法自圓其說。

畢竟任何產品裡面，一定有優缺點，不要去迴避客戶問問題，而是要盡可能去模擬，假設自己是消費者，會想知道哪些問題？即使客戶一開口就是批評，也不要緊，有句話說，「嫌貨才是買貨人」，他有興趣、感到好奇、想要比較，才會去注意這項商品的缺點。所以遇到負面的回應時，要想辦法從另一個角度去凸顯你家商品的特點。

我剛開始進入電器公司當業務員時，公司會整理近一、兩個月來最常遇到的客訴問題，每天早會結束之後，新進人員都要留下來上課，去了解這些客訴問題，並且背誦公司所設計出的官方標準答案。舉例來說，我當時銷售的家電，根據市場上的地位分成兩類來應對：

類型一》「價格追隨者」，市場上的次級品牌商品應對話術》以退為進，強調價格優勢

「價格追隨者」是指在市場上追隨別人的定價，代表這項產品是第二、第三線的商品，因此最常遇到的質疑就是「你們家的產品是不是比別人差？」這時候應對的方法是以退為

進。

例如，當時最有名的電視機品牌是SONY，客人會挑釁，「電視機我買SONY就好了，幹嘛買你們家的？」

我們會說：「SONY的電視機很好啊，但是我們的映像管是NEC的，也是日本原裝進來，但是我們的價格只有它們的三分之二。」

如果牽涉到競爭對手，首先要注意，不能否定其他品牌的優點，再來則是用「物美價廉」的價格優勢把我們的特色凸顯出來。

另外，還有一項常見的問題是，「你們是小牌子啦！以前不是做馬達嗎？現在怎麼會做這種家電？」

我們的回答是：「因為我們馬達做得很好，洗衣機主要就是靠馬達帶動，當然洗衣機的品質也很好。」利用公司馬達產品的專業，把信任感延伸到我要賣的家電產品。

類型二》「價格領導者」，市場上的領導品牌商品應對話術》強調品質，所以比較貴

當時我們的箱型冷氣機是市場上的領導品牌，定價自然也比其他品牌更高，屬於「價格領導者」，因此客戶最常問的問題是：「你們的冷氣怎麼那麼貴！」

我們會回答：「因為我們是做馬達起家，所以壓縮機也非常好。以冷氣的冷卻能力來說，每四坪要用一噸；我們的冷氣很足，說一噸就是一噸，實實在在，沒有像別人標榜一噸，實際上只有〇．八噸。」

以上兩大類問題，剛好可以明顯看出，根據不同產品定位，業務員應該祭出適當的話

術。就像是同樣賣牛排，五星級飯店裡有一客新台幣八千元的頂級牛排，平價連鎖餐廳裡也有一客三百元的大眾口味牛排，它們的市場區隔雖然截然不同，卻因為各自鎖定一批特定的客層，所以兩種生意模式都能生意興隆。大家知道「雙B」的車子最好，問題是，不是每個人都買得起，有些人只能按自己的經濟能力，退而求其次購買國產車。

任何產品都一樣，定價代表市場的區隔。二流的產品不能賣一流的價格，也不可能一流產品賣二流的價格，要讓顧客了解到，買你的東西是物超所值。

面對這些疑問，業務員一開始就要有足夠的認知，並且做好萬全準備，不管客戶丟出再怎麼刁鑽的問題，就能馬上回答，說服對方認同你的產品。我曾經看過客人提出問題的時候，業務員無言以對，或是講得支支吾吾的，甚至說：「這個問題我不懂！我是不是下一次再回答。」你都不了解自家產品，要怎麼說服客人埋單呢？所以事前準備功夫很重要。

有句話說「賊仔狀元才」，以前社會新聞經常報導警察破獲詐騙集團後，發現他們都有很詳細的教戰手冊；例如教導集團成員要怎麼吸引被害人的信任；面對受害人的疑問時，要怎麼回答，才能解除他們的心防……等。把智慧用在犯罪的地方實在不可取，但是，如果目的同樣都是賺錢，要是業務員也有像詐騙集團成員那種企圖心與行銷技巧，怎會擔心業績不好呢？

3-7

懂應酬才會有訂單？

以前我在電器公司當業務員的時候，為了跟店家老闆搏感情，喝酒應酬是躲不了的，很多大生意是在所謂的「第二攤」才談成；第一攤是正常的吃飯，吃完飯以後就會到有「粉味」的地下酒家。南部的地下酒家從中午十二點開始營業，大約晚上二、三點打烊，有的老闆特別喜歡這種場合，我幾乎每個星期都要陪他們去一次，從午餐吃到晚餐，再從晚餐吃到消夜，喝一整天的台灣啤酒，我的酒量都是在那時候鍛鍊出來的。

北部的應酬風格換湯不換藥。例如台灣電子業要爭取國外廠商的訂單，每年都會辦電子展覽，美國公司的高級幹部會到台灣來參訪，台灣的廠商往往安排得服服貼貼，白天酒足飯飽，夜晚則同樣是到有粉味的酒廊。每次這種展覽期間，台北市前幾家的大酒廊總是夜夜爆滿，甚至有大廠商乾脆包場淨空。這些外國公司的高幹，只要體驗台北夜生活之後，幾乎都會流連忘返，樂不思蜀。我常聽到一些商場上的朋友抱怨，在電子展期間訂不到包廂。

其實有些美國公司規定很嚴格，不准員工出差時接受招待，但是天高皇帝遠，美國人跟台灣做生意，久了也都被台灣供應商帶壞了。而日本商人更是吃這一套，要跟日本人做生意，夜生活絕對是少不了。想一想，兩家供應商在搶訂單，價格不相上下，技術和品質也不分軒輊，決勝的關鍵當然是比交情，交情不夠就要服務到位，美味、美色、美酒，有誰抵擋得住？燈火美氣氛佳，酒酣耳熱之際，爭取訂單有如囊中取物。

只喝七分醉，保持清醒趁機談生意

我剛開始陪電器行老闆到地下酒家的時候，他會對我說，「來！先把這杯乾了，我們今天規定都不能談公事。」他的心態是要找樂子，我一方面當作跟老闆培養感情，另一方面當然也在思考要怎樣繼續去擴展業務量。我很快觀察到，清醒時候談不成的事，往往就可以趁機補上這個臨門一腳；有時候酒精確實有催化的作用，我更是曾經趁著老闆喝得很高興，在雙方談好條件的當下，我趕緊從公事包拿出合約先給他簽名，等散攤之後，再回到店裡去蓋章。

很多老業務的酒量真的沒話說，而在拚酒的過程裡，酒量不好的人會先被抬出去，因此我們就要想辦法在酒店裡待久一點，拉長跟客戶相處的時間。我的訣竅是「絕不讓自己喝醉」，在外面喝酒，一定要了解自己的酒量，所以喝到七分醉就再也不喝了；一個男人如果連喝酒都沒辦法控制，他做其他事情的自制能力多半也有問題。

如果客戶覺得你沒醉，就是不給他面子，怎麼辦？很簡單，可以假裝一下嘛！感覺到自己有點微醺，不打算繼續喝的時候，就表現出已經喝得酩酊大醉的樣子；在這種聲色場所，一定要「眾人皆醉我獨醒」，才能夠繼續計畫著如何跟客戶談生意。

用專業爭取信任與認同

不過，最近幾年來，商場上的應酬文化似乎慢慢有在改變。表面上可以用應酬換訂單，但是客戶會擔心，會不會把用來招待他們的花費，轉嫁到產品上的偷工減料等。也有企業為了從根本打造良好的企業形象，明文規定不能接受招待。

上櫃公司王品集團就是一個很好的例子。只要是王品的新進員工，第一天到公司報到時，都會簽一份所謂的「王品憲法」；他們的官方網站上，在經營理念的部分，也公布了「龜毛家族」的規定。這兩份文件內容清楚載明，「任何人不得接受廠商一百元以上好處，違者開除」、「公司沒有交際費」、「公務利得之紀念品或禮品，一律歸公，不得私用」，甚至規定不能與員工的親戚有買賣行為或是業務往來，而這些規定從董事長到小員工一律適用。他們拒絕跟供應商有私下的交際應酬，不行賄、不收賄，切割地乾乾淨淨，大家回歸到單純做生意的關係；這樣正本清源的經營哲學，已經是許多企業治理的重要範本。

中國有一段順口溜：

吃自己的，以不餓死為原則；
吃朋友的，以吃飽為原則；
吃公司的，以吃好為原則；
吃公家的，以不撐死為原則。

應酬文化之所以盛行，是因為「公司會埋單」，如果少了公司交際費，員工能用的只有自己口袋裡的錢，自然而然就會收斂許多。

不過時代在改變，最近看到一些交際應酬的場合，也不會像以前一樣必須先乾為敬，非把對方灌醉不可；大家可以隨意，適可而止就好。甚至很多業務員會「以茶代酒」，拿出警察「抓酒駕」來當護身符，避免酒後開車發生危險。特別是我認識業績嚇嚇叫的女業務員，都不是靠喝酒去搶業績，而是靠工作上的專業，爭取客戶的信任和認同。我想，喝酒應酬只是一個輔助的東西，如果酒量不好，不用勉強自己；盡量站在客戶的立場，替他爭取工作上應有的福利、適當的折扣，以及更周全的服務，同樣可以經營出理想的業績。

3-8

不必開口，就能「讀懂」對方

民間傳說，宋朝大文豪蘇東坡在杭州當官的時候，有一次微服拜訪一間寺廟。住持看他只是一般文人打扮，對他說：「坐！」並吩咐小和尚，「茶！」

寒暄幾句，住持發現蘇東坡學富五車，改口說：「請坐！」並吩咐小和尚，「敬茶！」

深談之後，住持才知道蘇東坡的真實身分，連忙說：「請上座！」再吩咐小和尚，「敬香茶！」

臨別之際，住持請他留下墨寶，蘇東坡爽快答應，並寫下這樣一幅對聯：

坐請坐請上座

茶敬茶敬香茶

當場糗了住持一頓。

住持並沒有直接說出是否歡迎蘇東坡，但是態度就表達了一切。現實生活裡，當你登門拜訪客戶，從對方的態度，就能感覺出無意、敵意或善意。假設對方馬上有一杯茶、飲料甚至水果，代表他非常接受、歡迎你。坐了三個小時，講得口乾舌燥，連一杯水都沒有，代表他對這次的會面興趣缺缺。

現實生活中，不管是業務員剛開始想開拓人際關係，或是生意上的談判場合，都需要「天時地利人和」，除了自己努力，也要老天幫忙，這時候就得練練察言觀色的功夫。假設對方今天家裡突然有急事，或是對方公司臨時出了大狀況，當然會影響談話品質，你不如就退而求其次，改天再來。

察覺對方沒興致，不必急於達陣

現代人說話多會經過修飾，不好分辨對方是真情還是假意；其實有些小動作，往往會不小心洩漏他的真心。相談甚歡的氣氛，大家很容易感受得到，所以我在這裡要特別談談，哪些動作其實代表著對方不歡迎你？當你察覺時，又應該如何應對？

一、左顧右盼不專心

不專心聽你說話，一下子看著辦公室牆上的畫，一下子看手錶，椅子沒有朝向你，看起來坐立難安；或是當你講到一半突然說：「對不起我要打一個電話。」甚至他的太太、祕書故意進進出出，打斷你們的談話，已經充分地顯現出對方的不耐煩，有意無意中營造「送客」的氣氛。這時候你就要摸摸鼻子走人，不要再繼續死纏爛打，讓人家更討厭，影響到日後再拜訪的機會。

二、岔開話題

他岔開話題，代表對主話題的不滿意，或是雙方的認知差太遠了。如果岔出去的話題，對方談得興致盎然，乾脆虛以委蛇跟他唱和一番，等話題結束，就起身走人，不要再回到原來的話題；當作培養感情，讓彼此留下好印象。

三、猛抽菸

以前中南部很多店家老闆幾乎都有抽菸習慣，正常抽菸就是慢慢抽，大家可以談得很舒服。但是，如果他一直猛抽菸，一根接著一根，代表他心情很煩躁，也可能他今天的情緒有些不穩定。這時候多說無益，不是談話的好時機，也可以先行告退，改天再來。

愛抬下巴者多自傲，可用誇獎當敲門磚

「一種米養百樣人」，但只要用不一樣的策略去應對，還是可以登堂入室。開拓一個新的人脈關係時，我通常建議先聊天，慢慢摸出他的個性。我認為最麻煩的個性有兩種：太驕傲與太孤僻，只要看對方的下巴，就能辨別他是哪一種人。

百分之八十的人，下巴角度都很正常的，但仔細觀察可以發現，下巴抬得特別高，像隻驕傲的公雞，以為太陽升起來是他叫出來的。這種人個性自傲、自尊心強、不好溝通；但也有弱點，他很喜歡聽好聽的話。跟這種人溝通，他會一直提出質疑，直到你解釋得他滿意為止；如果硬碰硬的話，可能會吵起來。必須用比較謙卑的態度先讚美他。

例如，當他一直攻擊你推銷的產品，你可以這樣說：

「對對對！您是一個非常內行的人，這是我們產品比其他品牌弱的地方。不過我們還有一個別人目前沒有的特點，您也可以稍微參考一下。」

「我最喜歡跟像您這麼內行的人做生意，我們產品的優缺點都看得很清楚，我不用花很多時間跟您報告。遇到那種外行人很麻煩，我昨天遇到一個，跟他講半天都聽不懂。」

「像您這樣德高望重又內行，實在不簡單，我今天非常慶幸跟您交個朋友。某某品牌我現在還很不熟，希望以後有問題可以來請教您。」

把他捧上天，通常可以有效滿足他的自尊心，也許你可能會覺得太虛偽，但是有時候為了一筆重要的生意，動動嘴吃點虧，最後利益還是你的，有句俗語很有道理，「吃虧就是占便宜。」

下巴內縮者疑心重，宜慢慢交朋友

另外一種人，下巴老跟脖子縮在一起，代表個性十分內斂、疑心病比較重、對陌生人懷有敵意。因為平常不太喜歡跟人接觸，對新的人際關係會設下屏障。要打破他的心防，可能要稍微費一點功夫，不能太急，否則他會愈退縮。因此可以用緩兵之計，聊他的興趣、聊他喜歡的話題。這種人通常朋友不多，如果你能夠得到他的信任，把他的心門打開，成為他暢所欲言的對象，對方會把你當作朋友，你就可以長驅直入。

台灣俗語說，「買賣算分，相請無論」，生意上每筆錢都要算得清清楚楚，私下應酬請客則是不計較金錢。既然生意都是為了賺錢，其實跟誰買都沒差別，他幹嘛要讓你賺？為什麼要獨厚於你？很大一個原因，就是因為跟你有交情。

我曾經認識一個生意上的合作對象，他最大的嗜好是玩遙控飛機，因為必須花很多錢，他太太很不認同，我跟他說：「跟鳥一樣飛翔在天空，享受一望無際的感覺，其實是人類最大的夢想。我很想玩但是玩不起，非常羨慕你能有這樣的興趣。」他聽完後，有種知音難遇之感，從此不但變成朋友，生意也做成了。

當對方表露興趣，必須乘勝追擊

前面提到，若對方毫無興致，那麼趕緊找台階給自己下，不要「勾勾纏」，至少給對方留下好印象；但若發現對方有興趣，該怎麼乘勝追擊？

一般人有購買欲望，有時候往往是一個衝動，當你給他太多時間思考，他很可能又會改變主意。「兵貴神速」，發現對方有興趣時，就不能一直耗，花個兩個小時、五個小時；把戰線拉長，很容易兵疲馬困。記得要直接導入正題，提出雙方合作的構想，甚至趕快把合約書拿出來簽一簽。

剛開始學做生意的時候，曾經跟某個老鳥一起跑客戶，他的個性溫溫吞吞，有一、兩次感覺他快要達陣了，仍然拖拖拉拉，結果又把事情弄擰了。

我的個性比較急，雙方談好條件後，要趕快把合約書喬好，以免他又反悔了，或是想再談新的條件，這樣會沒完沒了。比如說我現在跟電器行老闆談冷氣的「早販方案」（指預定），他說今年要跟我訂一百台，只要今天合約訂下來，一百台的業績就落袋。如果等到明天再談，萬一夜長夢多，他可能會改口說，「昨晚想了一晚，還是訂八十台就好了，但能不能還是給我一百台的條件？」這時你將陷入兩難，發球權又落在對方手中，到最後往往得委曲求全。

這裡也要注意到，對任何客戶，無論如何都要保持一點彈性，不能輕易把你真正的底價洩漏出來。像是預售屋銷售，裡面有七、八種價錢，開價、表價、成交價、底價、成本價、優惠價、公關價、破盤價，再怎麼殺都不可能殺到底價。談判是一種雙方的拉鋸，大家都考慮自己的利益。雙方一開始都在試探對方，如果過程中太早亮出你的底牌，對方就已經知道你的底價與權限，讓你沒有後路可退。

客戶意願高不高？看肢體動作就知道

觀察部位	負面	正面
頭部	◎談話過程中，對方點頭如搗蒜，代表否定；即使沒講到重點，對方照樣一直點頭，這種不該點而點，則代表他心不在焉	◎當你講到重點，對方適度地點頭，代表他認同
眼神	◎東張西望，從頭到尾沒看你幾次，或是翻他自己的資料，甚至頻頻看錶，很明顯對你沒興趣	◎對方適時地看你的臉，目光交接，表情認真，代表他有興趣
嘴巴	◎抿著嘴唇、咬著上下唇、舌頭在口腔裡轉動，大部分代表拒絕 ◎一直在清喉嚨，尤其在你講得興高采烈時故意咳出很大的聲音，就是在干擾你，也是拒絕的表現	◎用舌頭舔嘴唇，就像看到美味的食物有垂涎欲滴的感覺，大部分都代表他同意你的看法
雙手	◎除非他在擤鼻子，否則當對方一直用手在摸鼻子，不管是鼻翼、鼻頭或人中，百分之九十的可能性代表他沒耐心聽下去 ◎你還沒講完，他用手做出阻止的動作，明顯表示否定，阻止你再繼續講下去	◎雙手自然放鬆，沒有特殊的動作
雙腳	◎對方翹著二郎腿，甚至抖來抖去，隱含輕蔑、敷衍 ◎對方大動作改變站姿或坐姿，代表他已經沒有耐心，也意味著否定	◎雙腳的動作是最難隱藏心意的部位，如果兩腳自然地打開，代表對方很輕鬆

4

一定要學的職場攻心計

4-1

永遠別把上司當朋友

我聽過一個故事，故事主角A君的老闆是他的軍中同袍，A君的職位幾乎是一人之下，眾人之上。某次他陪老闆打高爾夫球，球品不好的老闆手氣不順，一球打到了沙坑上，突然大發脾氣。A君隨口說了句，「這哪有什麼好生氣的！」老闆的怒氣被火上加油，氣沖沖地拿起球桿，往他背上重重敲了一記。

這一記敲得他肉痛心更痛，在眾目睽睽之下，自尊心不知該往哪擺，當下有兩個選項，只有兩秒鐘做選擇。第一，轉頭就走。第二，若無其事繼續打球。

結果，他選擇繼續打下去。過了幾個小時，電話響了，老婆在電話的另一端傳來一個消息，「你今天立了什麼大功？你老闆請人送一盆花來，裡面還有現金二十萬元。」

結局算是和平收場，卻也告訴我們「伴君如伴虎」，上司跟下屬之間，私下感情再怎麼要好，還是有尊卑的分別。在任何組織裡面，一定會有由上而下的層級關係，上司的階級本來比你高，代表他有管控底下職員工作的權力；不管是職務或是態度，身為下屬，千萬不要僭越。

有時候公司相約聚餐，上司會說，「今天不要談公事，今天不要把我當主管，大家盡情放鬆。」講是這樣講，當部屬的還是得把他當主管。特別是大家原來都是稱兄道弟的同事，但是當他升遷變成上司後，分寸一定要拿捏好，如果你還是以一副平輩的態度對他嘻笑怒罵，用大呼小叫的語氣跟他講話，沒有給予適度的尊重，往往會造成他心裡不舒服；剛開始他也許不會明講，等到發現他對你慢慢疏遠，就得花更多力氣去改善你們之間的關係了。

要記住，所有跟上司的對話，你所顯現出來的訊息，都是他觀察你、考核你的重點。職場上，跟上司之間的溝通關係，有三個層面要特別注意：

一、執行任務懂得舉一反三

一個好員工的價值，是替上司解決問題。有個故事是這樣的，小郭跟他同學志明同時進了一間大公司工作，五年之後，志明已經升官加薪，他還是待在原本的職位。有一次他和志明一起跟老闆用餐，他忍不住問老闆，為什麼自己遲遲無法有升遷的機會？

老闆聽完小郭的一番氣話，知道這幾年來小郭非常賣力，不過就是少了一樣東西，為了讓小郭深刻了解自己和志明的差距，老闆出了一個題目。老闆說：「或許我真的有些眼拙，不過我想證實一下。你現在到市場看看有沒有人賣西瓜。」

小郭很快來到市場找到賣西瓜的人，回來稟報，「有人賣西瓜。」

老闆問說：「那麼，他們西瓜一斤賣多少？」

小郭又跑到市場去問那個賣西瓜的，然後再回來交差。

這時老闆告訴小郭：「你休息一下，你看看志明是怎麼做的。」

老闆吩咐志明同樣的事情，過了不久，志明回來報告：「老闆，市場我都找遍了，只有一個攤販在賣西瓜，一斤賣十五元，七斤特價一百元，庫存還有三百多個。市場大概只剩五十個，每一個大約有十五斤，前兩天才從南部現採運上來的，全部都是紅肉西瓜，品質上還不錯。」

一旁的小郭聽了感到很慚愧，終於了解自己和志明之間的差別，他決定不辭職了，立志向志明看齊。

所以，身為基層員工，不要只是聽著口令做事，一天到晚混吃等死，應該站在比你現在工作更高一級的職位去做你的工作，好好想一想，「如果我今天是主管，我會希望部屬如何把這件事做好？」這樣一來，你做出來的成果不僅能符合上司的需求，甚至超乎預期地漂亮，老闆一定都會看在眼裡。這就跟買股票一樣，一個小散戶，必須用主力、大戶的思維，去思考買賣策略，避免追高殺低，未來就有機會躋身大戶的行列。

二、意見不合請私下解決

上司不是上帝，難免有出錯的時候，只要他夠開明，對於員工提出正確的意見，絕對會樂於接受。不過，如果是在公開場合，還是要顧到他的面子，不要當面指正讓他難堪，「這件事情你搞錯了，應該是……」，對上司而言，一方面失了面子，因為你害他下不了台；一方面失了裡子，因為你的指正似乎代表「他不如你」，造成了威脅感；縱然他勉強接受你的建議，未來難保不會產生防備，把你當成眼中釘。

我的建議是私底下去敲主管的門，只要意見正確又有建設性，上司都會欣然接受。也不要忘記「上司很忙」，在上位的人，總是日理萬機，沒有太多閒工夫聽你長篇大論。我以前當主管的時候，比較喜歡在談之前，部屬能自己先預先做好整理，讓我很容易了解你的想法。如果兩手空空，想到什麼講什麼，反而又丟出很多問題，沒有提出解決辦法，實在是浪費雙方時間。

所以，如果要做口頭報告，最好能在三分鐘之內說完，簡明扼要地分析利弊得失。如果擔心口頭報告沒辦法完整表達你的想法，也可以同時附上一份書面SWOT分析報告，寫清楚：優勢（Strengths）、劣勢（Weaknesses）、機會（Opportunities）和威脅（Threats）在哪裡，幫助上司在最短的時間內進入狀況，做出正確判斷。等到事情圓滿成功以後，一個好上司會記住你的功勞，不僅能拉近雙方距離，也能獲得被重用的機會。

還有，當上司的人，最討厭的是私底下的流言蜚語。有些人開會時不表示意見，等到大家討論達成共識之後，私底下又意見一大堆。如果你要提出建言，一定要直接面對上司，如果透過第三個人、第四個人傳話，可能變成「以訛傳訛」，多少會扭曲你原本的想法。有句台灣俗語說，「寄東西會減，寄話會加。」意思是託別人帶東西會被偷拿，託別人傳話會被加油添醋；輾轉傳到上司的耳裡，很容易讓他以為你在背後說三道四、挑撥離間，把你打入冷宮。

三、跟小人學習博取信任的技巧

相傳清朝雍正皇帝時期，為了監控大臣的忠誠，會派出諜報人員滲透到大臣家裡。有一天某位大臣在家裡打麻將，發現一張牌不見了，怎麼樣都找不著。隔兩天上朝時，雍正皇帝問這位大臣，「平常在家裡做什麼休閒活動？」

「打打麻將。」大臣回答。

「打麻將有發生什麼事嗎？」

「有一張不見了。」

「是不是少了這一張？」

大臣定睛一看，皇帝手上拿的，不就是家裡遺失的那張牌嘛！

如今的職場，當然不會有這麼可怕的威權統治，不過跟上司通風報信的「小人」還是存在。小人為什麼能獲得頂頭上司的信任？那副趾高氣昂的樣子，又逼得你不得不敬畏他三分。我跟很多企業老闆聊過，他們私底下都說，決定用什麼人，關鍵在於信任關係。一個員工儘管擁有超乎常人的聰明才智，如果無法得到上頭的信任也是徒然。這裡面的關係是「乘法」，假設「表現一百分」乘以「能力一百分」再乘以「信任度零分」等於一場空。若是「表現六十分」乘以「能力八十分」再乘以「信任度一百分」，儘管工作專業不如人，在上司心裡的地位，卻能大獲全勝，穩如泰山。

在這裡我要特別提醒新進員工，想要在一家公司有好的發展，博取上頭信任，不妨偷學兩招小人最常用的把戲：

一、不急著搶鋒頭

剛進公司的新人，最好能保持謙卑，不要急著搶鋒頭。有些上司好大喜功，不希望部屬跑在他的前面，或有太強烈的企圖心；要是讓上司感到你「功高震主」，具有威脅性，連試用期都別想過了。

例如想到什麼新點子，先提出報告，請上司給你建議，「我有這樣的想法，但我的經驗比較不夠，如果可行，請給我一點指示。」一方面搭橋給上司，二方面，他在公司資歷較深，經驗也豐富，知道公司文化、預算、老闆的個性，也會幫你找出比較可行的辦法。如果真的百分之百成功，上司在表面上得到功勞，在老闆面前揚眉吐氣，他會更信任你，降低對你的防禦。

二、不怕放下身段

這年頭，名校畢業、高學歷雖然吃香，但是有些老闆更喜歡用「非一流學校」畢業的員工，原因是「可塑性比較高」。除非你的能力特別高超，做的是別人難以取代的工作，否則剛開始踏進一家公司，不管你學歷是不是比別人高，多半會面臨「這些事交給工讀生做就好，憑什麼我要做？」的情境。

例如：

有客戶來拜訪，辦公室只剩下你，老闆請你去泡杯茶、買包菸。

前輩正在忙著籌備活動企畫案，請你幫忙整理一大疊的問卷，挑出有用的建議。

部門會議結束，平時負責收拾辦公室的行政人員有公差外出，主管請你代為收茶杯、擦黑板。

自認為學歷高人一等的員工，通常會有一股傲氣，不太願意放下身段處理這些雜事。不過進了職場，既然輩分是最菜的，就要認命去做，難不成要叫你前輩做，或是主管自己做嗎？你所表現出來的態度，就是一種行為上的溝通；懂得彎腰，代表你服從職場倫理，這一關闖過去了，獲得上頭的信任，自然能在辦公室裡站穩腳步。

當然，不是所有上司都是這麼英明，值得你一輩子掏心掏肺、兩肋插刀。我們常講一句話：「良禽擇木而棲，賢臣擇主而事」，如果發現自己全心全意付出，上司卻老是獨吞你的功勞，不小心出包了就推給底下的員工；我勸你還是盡早閃人，早一點走不會塞車，繼續在他底下做事，總有一天被踩死，這樣犧牲不值得。

4-2

做好主管，先會收服人心

中國歷史上，著名的「春秋五霸」之一楚莊王，有這樣一段經典的故事。有一次楚莊王宴請宮內的文臣武將，宴會從白天持續到夜晚，楚莊王還特別讓妃子輪流跟大臣們敬酒。在酒酣耳熱之時，蠟燭突然滅了，有人趁機拉扯妃子的衣裳，妃子一把抓下對方帽子上的飾帶，跟楚莊王告狀；她說，只要重新點起燭火，看看誰的帽子少了飾帶，就是輕薄她的兇手。

楚莊王卻說，「都是因為我賞賜他們喝酒，才會發生酒醉失禮的事，怎麼能夠因此讓臣子受辱呢？」於是他命令所有臣子扯掉帽子上的飾帶，才重新點燃燭火。

三年之後，楚國與晉國交戰，有一名臣子總是一馬當先，領先軍隊衝鋒陷陣、奮勇殺敵。楚莊王很疑惑地問他，「我並沒有特別厚待你，為什麼你願意這樣出生入死？」原來這位臣子，就是當年宴會當中對妃子失禮的人，因為楚莊王不追究，放了他一條生路，從此他就決定為楚莊王肝腦塗地。最後楚國成功打了勝仗，成為盛極一時的強國。

在這裡先不要討論楚莊王縱容臣子伸出鹹豬手這個道德話題，重點在於，楚莊王當年若不是施以恩德，把臣子當作最重要的資產，也得不到如此忠心大將幫忙打勝仗。

知人善任，把人放在對的位置

在現今的職場，一家公司要運作順暢，都必須靠每位員工的貢獻，而擔負管理責任的上司，則要讓下屬盡心為工作付出，甚至死心塌地服從你，「知人善任」就是每位上司必備的能力，對下屬瞭如指掌，擺到正確的位置上，讓他們好好發揮各自的專長。

有句話說，「對智者宜寬，對愚者宜嚴，對平庸之人，要寬嚴並濟。」我認為，員工主要有兩類：

一、面對聰明人》簡單交代工作目標

聰明的下屬，優點是能舉一反三，只要把工作目標交代好，不用多做規範，他們經常能做出超乎期待的成績。缺點是有時候像脫韁的野馬，不容易駕馭；經常會遊走在公司規定的邊緣，通常只要不違反規定，上司乾脆睜一隻眼閉一隻眼。例如他今天拿到了一筆大訂單，晚上又跟客戶應酬到半夜，第二天下午回家睡個午覺，上司當作不知道就好。

二、面對老實人》清楚說明工作步驟

個性老實的下屬，特色是一個口令一個動作，所以上司在交代工作任務時，最好能清楚告訴他每個步驟，給他畫框框，盯緊一點，他也會乖乖做到好，不會輕易跨出界線。這樣的員工可能不會有突然的大訂單，卻也能在穩定中求發展，因為老實可靠，反而容易受到客戶的信任，對上司而言也可以是一匹良駒。

棘手下屬，要能對症下藥

還有，根據我以前的經驗，跟下屬交手，比較麻煩的狀況有以下三種：

一、後台硬搞派系》打開天窗說亮話

在公司裡，多多少少會遇到高層幫親戚安插職位的狀況，如果對方沒什麼能力，對付的方法很簡單，只要訂下嚴謹的工作目標，或安排繁重工作量，通常過沒幾天他就撐不下去，自動提出離職。

討厭的是既有高層當靠山，偏偏人又聰明，為公司立下戰功的人，這種下屬一旦氣焰高張變成驕兵，也許會拿著雞毛當令箭，遇到不想做的工作便藉詞推託。另一方面又會吸引同事奉承，在辦公室形成派系，排擠其他人，上司在管理時就會特別頭痛。

如果要改善這種情況，只能打開天窗說亮話，假設他是董事長的親戚，可以告訴他，

「站在主管的立場，你的做法會影響團隊精神，對你並不好，也不要讓董事長沒面子。」把話挑明了，他再怎麼狡猾，也不得不賣個面子給董事長。

二、成事不足敗事有餘》嚴厲對待

對上司而言，其實不怕笨員工，最怕又笨又愛自作聰明，實在會氣死。我發現，最會捅樓子的就是這種人，像是自作主張跟客戶簽下違反公司規定的合約，回來逼公司就範。他以為自己簽下大案子，立下了不起的功勞，實際上卻害公司陷入兩難。如果案子過關了，別說無利可圖，甚至蒙受損失；但是，簽約已經完成，如果公司不認帳，信譽往哪擺？

這時候，一定要採取最嚴厲的標準，告訴他，「你的做法造成了公司的損失，這次的業績不算數，下次再犯，就要請你走路。」讓他明確知道未來絕對不能再犯。否則，今天一旦縱容他，未來可能犯下更荒唐的錯誤，也無法讓其他員工信服。

《三國演義》裡有一段故事，在北伐的戰爭中，諸葛亮派馬謖鎮守街亭，因為馬謖不遵從諸葛將令，街亭失守，蜀軍糧道被斷，不得不撤退。回到漢中之後，諸葛亮為兵敗之事負責，自降職為右將軍；同時，諸葛亮雖惜馬才，但以軍法無私，揮淚斬之。

三、員工爭寵搶業績》安撫政策

我在投顧公司工作的時候，很常碰到員工爭寵的麻煩。有的狀況是，資深營業員通常會有一批固定的客戶，但隨著客戶增加，沒有辦法每一位都專心對待時，服務品質就會降低。買賣股票時，在盤中可謂分秒必爭，A客戶打電話進來，營業員卻說，「請稍等一下。」然後去服務B客戶，讓A客戶一等就是十分鐘，這時候原本屬意的掛單價格已經跑掉了。

同樣的事情只要重複個兩、三次，客戶就會不耐煩，另尋其他營業員，慢慢地業績就會轉移過去，我還看過有營業員因為搶客戶而大打出手。有的狀況則是業績好的員工，自然能擁有較多公司的資源與福利，看在業績差的員工眼裡，往往不是滋味。

站在上司的立場，當然希望以和為貴，採取安撫政策，告訴他們，「你們都是公司很重視的員工，希望你們好好相處。」不過經營公司都是利益導向，特別是在業務部門，本來就是業績掛帥；誰表現好，公司就挺誰，否則公司一旦得罪了資深業務員，導致大客戶都被帶走，跳槽到其他券商，就是公司的損失了。因此，業績差的員工若攪入這場戰局，往往處於弱勢，要嘛被公司要求隱忍下來，或是直接調到其他分公司。雖然很殘忍，但這是社會的現實。

4-3

不得罪同事的拒絕高招

我剛到電器公司當業務員的時候，一個月的薪水是四千九百八十元，為了多賺錢，我又兼了管理庫存、安排送貨，以及倉庫晚間值班保全的工作，每月多領一千八百元的補助費。

以業務員的工作來說，每個人都有自己的轄區，例如我是負責嘉義縣、半個雲林縣和半個台南縣的業務範圍，包括開發電器行當新的經銷商、處理訂單、送貨給電器行等。當時有一個前輩，需要從倉儲送貨給轄區內的電器行時，有時候會在不告知上司的狀況下，故意利用我兼職倉儲工作為理由，叫我去送貨。有一次，他叫我在幾個小時之內，把一批貨送到他轄區內的電器行，一來一回的車程就要四個小時，把我一個下午的時間就花掉了。

明明知道他故意占我便宜，但我實在菜到不行，更不想得罪前輩，對他的要求可以說是有求必應。直到有一天，上司交代我出去辦一件事，明明可以如期完成，但我突然靈機一動，趁機說，「可能要晚個一天，因為某某人交代我一件很緊急的事，我必須先做好。」上司一聽就知道，那原本是他交代那位前輩去辦的事；我也不曉得前輩後來到底受到什麼責罰，總之後來我再也沒有接到這種不合理的任務了。

這種劇情大概很多人都遇過，老鳥事情做不完，私底下會把工作轉移給菜鳥，甚至假傳聖旨說，「這是主管叫你做的。」而一般人剛進公司的時候，對老鳥的要求，多半都很溫馴，盡量去滿足對方。但是，當你發現老鳥已經習慣成自然，每次提出來的都是非分的要求，只把你當榨汁機一樣想把你榨乾，事情做完之後，他又拿回去當作是自己的功勞；害得自己成為每天加班到深夜，工作還是堆積如山的「便利貼」一族。

要怎麼在不傷害人際關係和諧的前提之下，適當地回絕，就要用點腦筋，以下我提供三個好用的策略：

一、裝傻告狀，不經意告訴上司

就像我文章開頭分享的親身經驗，找個適合的機會，用裝傻的態度，婉轉讓上司知道這件事。例如，上司請你週末緊急處理某件案子的時候，而你手上正好有其他前輩「非法」推託的任務時，可以說，「某某人轉告我，說是您交代給我這件事，所以我原先安排這個週末來做，我想知道這兩件事情，哪個需要優先處理？」明理的上司聽到這裡，一定會出面主持公道，而欺負你的老鳥也只好摸摸鼻子，知難而退，不敢再輕易找你的碴。

最不建議的是直接告狀，因為你很明顯把矛頭指向對方，他肯定覺得不上道，搞不好以後沒事就找你麻煩。另外，也絕對不要偷偷跟其他同事埋怨，間接傳了出去，會讓前輩下不了台；而且，新人通常還搞不清楚辦公室的派系關係，要是你抱怨的對象剛好是那位惡前輩的好朋友，以後你更別想有好日子過了。

辦公室小人很多，最怕有人在背後說三道四，要是閒言閒語傳到上司耳裡，也會認為你不懂得處理人際關係，破壞辦公室的氣氛跟團結，反而害自己進退失據。我甚至聽過，有個上班族在洗手間，跟同事大罵他的主管，沒想到主管就蹲在裡面；可想而知，他馬上被打進黑名單，永無翻身之日。

二、量力而為，部分答應對方要求

這其實是一種軟釘子，例如對方要求，「有三件事要請你幫忙，這個週五下班前要完成。」

你可以這樣回答：「不好意思，我手上已經先排了其他工作，不過我還是幫你做其中一件，另外兩件，能不能請其他人協助？」

在態度上，利用很委婉或求情的態度，告訴對方自己真的忙不過來，博取對方的諒解。行動上，不完全拒絕，也不完全滿足他，可以讓對方了解你不是只想拒絕，而是真的已經盡力幫忙。不但做到了人情，留下一個退路給雙方一個台階下，也不至於讓自己完全陷入非常委屈的狀態。

這個方法主要是思考「量力而為」。其實在公司裡面，要完成一個大型目標，當上級長官在任務分配的時候，要懂得秤秤自己的斤兩，在承擔範圍以內就要盡力接受，真的扛不下來，就要懂得示弱。三件任務交代下來，只接受最有把握的兩項，並且做到一百分，在長官心目中就是一個能負責的人。

一旦輕易承諾，三件任務卻沒有一項做到及格，只會給人「成事不足，敗事有餘」的觀感。所以，不管是接受正式任務，或是其他人的要求，都要衡量自己的能力，寧願一開始講清楚，也不要事後才狼狽地擦屁股。

三、四兩撥千斤，幫對方想辦法

表面上雖然拒絕對方，但是卻可以很有誠意地站在對方立場，替他想辦法。

例如對方要求，「我們組裡人手不足，接下來一個月，可不可以請你每天下班前幫我整理這些資料，很簡單，只是要稍微加班。」

你可以對他說，「我手上的工作也忙不完，實在沒辦法幫你。不過下個月正好開始放暑假，會有工讀生來報到，是不是可以請他們協助？」

即使沒有實質幫到忙，卻因為釋出了想替對方解決問題的誠意，只要他是一個理智的人，一定能感受得到，也會非常感激你。

在職場上，同事之間的良性支援當然也是必要的，今天他要求你幫忙，未來可能哪天請你吃頓飯，或是等你需要幫忙時，他也會理所當然協助你。「吃虧就是占便宜」，在你可以負荷的範圍內，多做一點工作也未嘗不可，把吃苦當作吃補，一方面可以博取老鳥的好感，幫助自己未來工作更順利，一方面也可以接觸到更多工作環節，當作一種學習的機會。

過去，即使我當上投信公司總經理，也曾經為了公司要舉辦的公開說明會，主動做了很多我分內之外的工作，連續兩個星期忙到半夜兩、三點；因為我認為，收穫絕對會比付出的更多；最後公開說明會也出奇成功，來賓讚揚有加，老闆眉開眼笑，我也覺得與有榮焉，一切的辛苦都是值得的。

4-4

推銷自己，讓面試官不想錯過你

前面講了很多商場上推銷商品的撇步，換到職場上，最需要推銷的東西就是自己了。公司在用人的時候，從履歷表這關就設下了各項標準，包括學歷、語文能力、證照。以前我碰過某家券商老闆偏愛台灣大學畢業生，沒有工作經驗也不要緊。也有知名上市公司只用應屆畢業生，有其他工作經驗一概不錄取。我自己當主管時，也面試過許多人，有些人就算履歷有點不符合，但還是能給主考官好印象，讓主考官想盡量找出能錄取他的理由，有些人卻是履歷表很不錯，但卻讓人完全不考慮。

那麼，應徵者在進入面試這一關，所有競爭者的客觀條件都差不多的情況下，要怎麼博取主考官的青睞？以下我歸納出幾個面試時可以注意的重點：

表現積極有自信，印象分數拿高分

很多時候，開門走進面試場合，講了幾句話，就決定了一半的成敗。公司多半喜歡個性積極上進的員工，可塑性比較高；因此老是低著頭，畏畏縮縮，兩隻手搓來搓去，看起來很沒自信的人，當然不討人喜歡。

談話時，一定要表現地落落大方，適時地看著主考官，說明自己的優點，讓主考官知道，你有什麼能力？能做出什麼貢獻？可以舉具體的過去事蹟為例，像是曾經獨立負責哪些計畫案；某個大案子的哪些部分，是你負責完成的……。記得在描述自己的「豐功偉業」時，必須保持自信，但不要流於「囂張跋扈」；現在公司重視團隊戰鬥力，常認為太搶鋒頭的人具有侵略性，主管也通常不喜歡這種不好駕馭的員工。

另外，有些面試會臨時丟出跟專業相關的考題，看你反應夠不夠快、專業知識夠不夠。是真懂還是假會，當下可以看分明，幾乎都沒有辦法隱瞞；如果不會，可以照實說出來，不要硬掰，一旦被拆穿，人家反而認為你誠意不足。

別當主考官討厭的四種人

另外，主考官不想再看到第二次的有四種人：

一、攀親帶故

例如，「我跟某某公司高層很熟，某某總經理是我的親戚。」面試是在展現你的實力，不是在展現你認識的人有多厲害。

二、自吹自擂

我曾面試過一個證券營業員，他很得意地說，「我在上一家公司的時候，做股票從來不曾虧錢。」可能因為他資歷不長，運氣又好；但是他的態度太過自傲，這在證券業是大忌。像這種人的錄取順位就會被排到後面去。

三、粗枝大葉

以證券業而言，希望員工個性謹慎，若是應徵者不小心把茶水打翻，或是挪動椅子過程中發出很大的聲響，這些顯露出粗心個性的小細節，也會影響主考官對你的觀感。

四、外表邋遢

服裝儀容很重要，不一定要穿金戴銀，或用光鮮亮麗的名牌來襯托，但至少也得遵守整齊清潔的基本原則。最常疏忽的是：指甲沒有修剪、鼻毛過長外露、頭髮散亂、服裝與皮鞋骯髒破舊或不合適場合身分，都足以令主考官留下差勁的印象。

談薪資，新鮮人請把主導權留給公司

已經在職場上打滾幾年的社會人士，要跳到其他公司之前，多半都已經打聽好薪水的條件。如果你是一張白紙，從來沒有工作經驗，往往很擔心「薪水不知道該怎麼談」。開價高於行情價，又沒有特別優秀，人家憑什麼接受你？開價低於行情價，或許公司認為撿到便宜，但也不免懷疑，你是不是能力不足，才會殺價競爭？所以，最安全的標準答案當然是「依公司規定」；因為公司要用新人，必須付出教育資源，通常希望能保有主導權。

不過，也有特殊的例子。二〇〇八年金融海嘯時期，許多企業不是放無薪假，就是遇缺不補，社會新鮮人大嘆工作難找。當時有一個碩士生到我朋友開的證券投顧公司應徵研究員，在「希望薪資」這一欄，其他人幾乎都寫行情價兩萬八千元到三萬五千元，他寫的卻是兩萬元。

主考官問：「為什麼要求的薪資這麼低？」

他回答：「我缺乏經驗，希望能夠在公司有學習的機會。」

被錄取了以後，他待了一年，跳槽到另外一家綜合證券公司，薪水馬上增加為兩萬八千元。再待了兩年，他再跳到另一家投信公司，薪水躍升成四萬五千元。他知道自己欠缺經驗，因此打出「加值不加價」策略，打中企業老闆想要「撙節開支」的需求，但也不甘於只領兩萬元低薪，而是一直努力地做出成績，在累積資歷的過程裡，也墊高了自己身價。當初很多堅持起薪非三萬元不可的人，可能同樣經過三年時間，卻還在尋尋覓覓找工作。

展現風度，不批評前公司

當主考官問，「為什麼會離開上一份工作？」這個問題其實有很大的陷阱，與其說他想了解你離職的原因，倒不如說是在測試你的人品；假如你說了真心話，很可能自取毀滅。

例如：

離職真正原因	主考官會這樣想
「被其他同事排擠」	你的人際關係處理有問題，我不敢用你。
「老闆很情緒化，每件事都交代不清楚」	你的理解能力可能不好，我不敢用你。
「加班沒錢領，福利又差勁，真是一家爛公司」	我們公司也好不到哪去，「誰人背後無人說，哪個人前不說人。」如果用了你，以後你離開後，會不會也到處說我們公司壞話？我不敢用你。

不管對上一份工作有多少埋怨，在面試時絕對要禁止說出來。不如拐一個彎，去談談以前工作經驗帶給你的收穫，進而推展到你求職的願景。

例如，「上一份工作讓我學會獨當一面，但主要都與科技業合作，我希望有機會增加工作上的廣度，因此希望能到貴公司，增加與服務業和政府單位的合作經驗。」

不要懷疑，外表還是很重要

一九九二年，我曾經到某一家小型券商演講，我發現總機、櫃台開戶人員個個其貌不揚。反而是第二線的會計、人事、行政等後勤人員都一個比一個漂亮，沒多久這家券商因為經營不善而被併掉了。

說來你可能不相信，當每個面試者的條件都差不多，最後決勝負的關鍵，很可能是「外表」有沒有讓主考官覺得很投緣。

基本上，要進入一家公司，從外型到言談，都要符合該公司文化，與該職務的特質。例如，站在第一線，代表公司門面，需要經常跟客戶直接互動的業務或櫃台人員，就算不是媲美明星的帥哥美女，至少也要身材標準、五官端正、笑容可掬。

應徵者在面試前應先做功課，想進入以節儉聞名的傳統產業公司，妳求職時穿得花枝招展還拎著名牌包，第一印象就輸給旁邊那位打扮樸素端莊的競爭者。要到講求創意的廣告公司面試，當然也不能穿得老派俗氣，從打扮上就要凸顯自己的美感品味。

我以前面試下單的電腦操作員，主要會挑選看起來乖巧的女孩子，反而不挑太漂亮的，因為很容易交男朋友，導致心不在焉或常常請假，而且通常都待不久；對於公司而言，後勤人員的流動性太高也是一個大麻煩。這些企業風格、背景、市場風評，早在求職之前就可以先打聽仔細，才能投其所好，提高被錄取的可能。

4-5

這樣做，讓主管多愛你一些

我一個朋友是知名上市電子公司的員工，自己在外面租了一間非常老舊的公寓。有一年，台灣發生大地震，他擔心躲在租屋處會被壓扁，於是連夜騎著機車到公司避難，因為他們公司有高係數的防震措施。沒多久，廠長來公司巡視，看到只有他一人出現在公司裡，問他，「你怎麼會來公司呢？」他回答：「我很擔心公司有災情，所以趕快來看看。」廠長認為他實在太忠心了，給了特別高的考績，結果當年度，他領到了價值超過新台幣兩百萬元的股票。

我以前在電器公司上班時，營業處所後面有一個維修室，主要是技工人員維修瑕疵品的場所。平常都很安靜，有一天，每隔半個小時就會傳出鏗鏗鏘鏘的聲音，我覺得很奇怪，忍不住跑去問裡面的技工前輩：「為什麼每半個小時就會那麼吵？」他神神祕祕地告訴我：「你不懂！老闆在外面，我們在裡面，如果沒有發生這些聲音，他怎麼會知道我在工作？可能以為我在睡覺。」我才恍然大悟，原來這也是一種求表現的技巧。

以上這兩個故事比較像是投機取巧，我並不是要鼓勵這種行為，而是要提醒你，業績不是天天有，萬一沒有漂亮數字來背書時，怎麼讓主管認同你是一個認真負責的員工？

一、展現企圖心與配合度

清朝咸豐時期出現太平天國之亂，曾國藩奉命組織湘軍，討伐太平天國。但是，不僅首戰出師不利，整支水軍差點全軍覆沒，後來還接連打了幾場敗仗，好幾次想要自殺。曾國藩寫了奏摺向皇帝請罪，責怪自己「屢戰屢敗」，後來師爺建議他，屢戰屢敗代表能力不足、努力不夠；改成「屢敗屢戰」，才能展現出愈挫愈勇的氣勢。咸豐皇帝看到以後，果然沒有加以責罰。最後曾國藩也不氣餒，重新修改戰略，最後終於打了勝仗。

如果是業務人員，在剛開始經營客戶，或是低潮時期，業績通常很難看。這時候，你的辛苦可能沒辦法讓主管看見，但是對於平常例行的公司事務，則可以展現更高的配合度，讓大家看到你持續為工作而努力，通常主管都會看在眼裡，繼續給你機會。

例如證券業，規定早上開盤前，所有業務人員必須來開會；超級業務員是不會來的，主管也不會去點名。收盤以後，如果公司有安排訓練活動，超級業務員也不會參加，說要去拜訪客戶，結果是回家睡覺，主管也心照不宣。

但是，如果你今天沒業績，開會又遲到，訓練課程也不來，這種基本規定都做不到，還敢期待主管給你好臉色嗎？

二、做出業績以外的貢獻

以前我在電器公司工作時，每位業務人員都要寫工作日誌，我一向都會寫得清清楚楚。

例如今天拜訪五家原本的經銷商；目前正在經營三家有潛力的經銷商，以及成功的機會與原因；最近某家競爭品牌在做什麼促銷活動、推出什麼新產品，或是用利誘的方式在挖我們的牆腳。這些市場的情報，在主管心目中，其實也是一種很重要的貢獻。

這種工作紀錄寫得愈清楚，主管查核時，可以很輕易看出你是否很用心、很勤奮地工作。特別在業績不好看的時候，仍然要讓公司看到，你仍然是有利用價值的人。

三、協助同事，平常就打好人際關係

有時候，「成功不一定在我」。過去在電器公司工作時，我的業績還算不錯，隔壁區的業務員有需要幫助的地方，只要我有能力，絕對不會吝嗇。

例如，我聽到一個消息，在他的轄區裡，即將有一家飯店要開幕，我不會私藏，而是趕快通知他，甚至把相關的人脈轉介給他。最後案子談下來了，表面上是他的業績，但是在主管心目中，其實有一半功勞是我的，也會對我另眼相看。

對主管而言，懂得幫助同事的員工，通常是值得長久任用下去的人才。因為不會爭功、不計較短線的利益，而是以公司利益為首要考量，對公司而言十分有利。

另一方面，平常打好人際關係，也是對自己的投資。特別是管錢的會計人員，以及管人事任用的人資人員，往往是老闆的心腹。像我們業務人員跑完客戶回公司，都會買一些小點心回來，請後勤人員打打牙祭。不用期待他們說你的好話，只要把他們的嘴堵住，不說你的壞話就夠了。否則，跟同事斤斤計較，又跟後勤人員處不好，只怕哪天真的陷入大低潮，沒人挺你，這家公司哪裡還有你的容身之處呢？

國家圖書館出版品預行編目資料

股市憲哥教你說對話有人緣又賺大錢 / 賴憲政著.
--初版. --臺北市：Smart智富文化, 城邦文化,
民101.08　　面;　　公分

ISBN 978-986-7283-40-5（平裝）
1. 職場成功法　2. 說話藝術
494.35　　　　　　　　101015807

Smart智富 股市憲哥教你說對話 有人緣又賺大錢

作者　賴憲政

商周媒體集團
榮譽發行人　金惟純
執行長　王文靜

Smart智富
總經理兼總編輯　朱紀中
執行副總編輯兼出版總監　林正峰
主編　楊巧鈴
文字整理　賴謙誠、黃嫈琪
編輯　張志銘、謝惠靜、連宜玫、李曉怡、邱慧真
攝影　翁挺耀
封面設計　林慎微
版面構成　黃凌芬、張麗珍、廖彥嘉

發行　英屬蓋曼群島商家庭傳媒股份有限公司城邦分公司
地址　104台北市中山區民生東路二段141號4樓
網站　smart.businessweekly.com.tw
客戶服務專線　（02）2510-8888
客戶服務傳真　（02）2502-5410

製版印刷　科樂印刷事業股份有限公司
初版一刷　2012年（民101年）8月

ISBN　978-986-7283-40-5

定價280元

Smart智富 讀者服務卡 2BB027

《股市憲哥教你說對話有人緣又賺大錢》

為了提供您更優質的服務，Smart智富會不定期提供您最新的出版訊息、優惠通知及活動消息，請您提起筆來，馬上填寫本回函！填寫完畢後，免貼郵票，請直接寄回本公司或傳真回覆。Smart傳真專線：**(02)2500-1956**

1.請問您於何處購得本書：□書店 □量販店 □便利商店 □網路書店 □其他

2.請問您選購本書的原因：

□價格合理 □親友或名人推薦 □內容符合需要 □對Smart品質認同

□其他________________

3.現階段，您對哪些投資理財知識有需求？

□股票 □基金 □房地產 □保險 □其他______________

4.除了本書外，您近日還有購買閱讀哪些理財投資書刊？

____

____

5.謝謝您的支持，對於本書內容、編排製作或是Smart出版品、講座活動有無建議？請不吝指教

____

____

您的基本資料：（請詳細填寫下列基本資料，本刊對個人資料均予保密，謝謝）

姓名：____________ 性別：□男□女

出生年次：________ 聯絡電話：____________

電子郵件信箱：____________________

通訊地址：

____縣/市____區/市/鄉/鎮____村/里___鄰____路__段__號

__樓之___

職業：□學生 □軍公教 □製造業 □營造業 □服務業 □金融貿易 □資訊業 □自由業 □家管 □其他_____

職位：□負責人 □主管 □職員

●填寫完畢後請沿著右側的虛線撕下。

廣 告 回 函
台灣北區郵政管理局登記證
台北廣字第000791號

免 貼 郵 票

104 台北市民生東路2段141號4樓

Smart 智富

行銷部 收

●填寫完畢後請沿著左側的虛線撕下。

●請沿著虛線對摺，謝謝。

Smart 智富

書號：2BB027

書名：股市憲哥教你說對話有人緣又賺大錢